頭が良くなる！算数が好きになる！

子供のインド式計算ドリル

かんたん

鹿屋体育大学教授
児玉光雄

ダイヤモンド社

子供のインド式計算ドリル かんたん もくじ

まえがき

第1章 かけ算

☆かけ算は四角形の面積で考える……………………………………… 6

テクニック1　2けたの数字×11のかけ算……………………………… 8

テクニック2　11～19どうしのかけ算…………………………………… 11

テクニック3　どちらかの数の1の位を0にする………………………… 15

テクニック4　偶数と1の位が5の数のかけ算…………………………… 18

テクニック5　1の位が5で10の位がおなじ数どうしのかけ算………… 22

テクニック6　1の位が5で10の位がちがう数どうしのかけ算………… 26

テクニック7　1の位がおなじで10の位をたすと10になる数のかけ算…… 29

テクニック8　10の位がおなじで1の位をたすと10になる数のかけ算…… 33

テクニック9　10の位がおなじ2つの数のかけ算……………………… 37

テクニック10　おなじ数字でできた数どうしのかけ算………………… 40

テクニック11　どちらか一方がおなじ数字の数のかけ算……………… 43

テクニック12　まんなかの数がきりのよい数どうしのかけ算………… 46

テクニック13　2けたで90以上の数どうしのかけ算…………………… 49

●インドコラム1　数当て手品①………………………………………… 52

インドのふしぎな計算テクニックであっと言う間に暗算名人！

▲知恵の神様ガネーシャ

第2章　たし算・ひき算

☆たし算・ひき算はそろばんで考える……………………………………54
☆そろばんの使い方（たし算・ひき算）……………………………………56
テクニック 14　　2けたのたし算………………………………………57
テクニック 15　　2けたのひき算………………………………………59
テクニック 16　　1けたの数字を0にして暗算する……………………62
テクニック 17　　ひき算をたし算にかえる……………………………65
テクニック 18　　順番にならんだ数のたし算…………………………68

●インドコラム2　カレンダー手品…………………………………………71
●インドコラム3　数当て手品②……………………………………………72

第3章　かけ算の応用とわり算

テクニック 19　　2けた×2けたのたすきがけ算………………………74
テクニック 20　　3けた×3けたのたすきがけ算………………………77
テクニック 21　　2けた×2けたのマス目算……………………………79
テクニック 22　　3けた×3けたのマス目算……………………………82
テクニック 23　　2けた×2けたの線引き算……………………………85
テクニック 24　　3けた×3けたの線引き算……………………………88
テクニック 25　　わり算…………………………………………………91

●インドコラム4　暗算手品…………………………………………………95

はじめに

　過去25年にわたり、わたしは小中学生を対象にした右脳教育の研究を続けてまいりました。そんななかでインド独特の計算方法にふれる機会があり、その魅力にとりつかれ、さらに探求してみたのです。

　そこでわかったのは、インド式計算術を身につけると、おどろくほど速く計算できるだけでなく、右脳の活性にもおおいに役立つということです。インドの算数は日本のように暗記させるだけでなく、なぜそうなるのかということを考えさせる学習法が基本になっています。そのなかで独自のひらめきや効率の良さなどを子供たち自身が考えながら学んでいきます。通常左脳を用いる計算などの学習に、右脳力をもちいていることがわかったわけです。それがインドの算数教育の優れた点なのだと思います。

　たとえば本書では「かけ算は四角形の面積」という考え方を紹介しています。これこそが、算数がたんに数式の計算にとどまらず、なぜそうなるかということを教える絶好のテキストです。数式やテクニックの意味を知ることで算数がおもしろくなり、インド式計算術をより深く理解し、しっかりと自分の身につけることができます。

　さらに、本書の特徴は、たんにインド式計算術を紹介するだけでなく、日本が誇るそろばんというすばらしい計算法を取り入れたことです。暗算の達人の多くが、頭のなかでそろばんをイメージし、その玉を動かして計算します。この方法はとくにたし算、ひき算に非常に有効であると思います。インド式計算術とそろばん暗算を併用すれば、おどろくほどの計算力が身につくはずです。そのほかにも、インド独特の計算法である「マス目算」や、「線引き算」をわかりやすく紹介しています。

　本書に収められた数々のテクニックをマスターすれば、学校の算数の成績が向上するだけでなく、右脳の活性化に貢献して「ひらめき力」を高めたり、「勘」を鋭くすることにも役立つのです。

　なお、本書はインドの算数教育を元に編纂したものですので、日本の小学校教育のカリキュラムとはそぐわない点があることをご留意ください。

　それでは、お父さんやお母さん、そして兄弟のみなさんと一緒に楽しみながら算数の勉強に役立ててみてください。この出会いが算数の天才を生むことを願っています。

平成19年7月

鹿屋体育大学教授　児玉光雄

indian calculation method

加仔算

かけ算は四角形の面積で考える

◆2つの数は四角形の辺

　一見むずかしそうな計算も、右脳を働かせると驚くほどかんたんにできてしまうことがあります。そのためには「公式がなぜそうなるのか？」をきちんと理解しておくことが大切です。

　右脳的に考えれば、かけ算とは四角形の面積をもとめることです。2つの数はたてとよこの2辺で、その辺で作られる四角形のなかにある、小さな正方形の数が面積になると考えればよいでしょう。

$3 \times 6 =$ （たて3、よこ6の四角形）

小さな18この正方形が入る

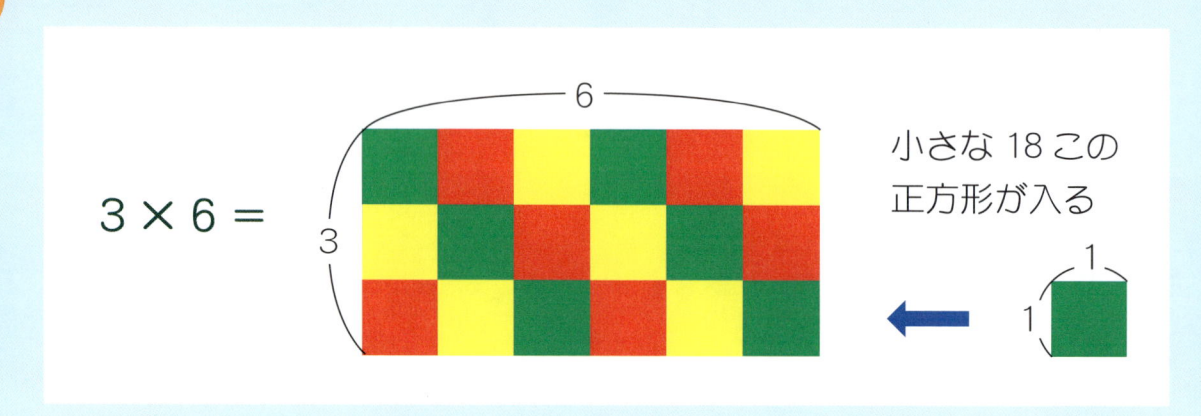

　あなたは九九で、3×6＝18（さぶろくじゅうはち）と覚えているはずですが、もし九九を忘れても、3×6とは、たて3、よこ6の四角形の面積であることを理解しておけば、困ることはないのです。

　あるいはかけ算をたし算におきかえることもできます。つまり3×6は3を6回、あるいは6を3回たせばいいのです。

3×6
$= 3+3+3+3+3+3$
$= 6+6+6$

かけ算

もちろん、２けた、３けたどうしのかけ算でもこの法則が使えます。
　たとえば１８×２３を求めるとき、下の図のような１辺が１８と２３の長方形の面積を考えてみましょう。そして、きりのいい１０と２０のところで直線をひいて４つの四角形にわけます。それぞれの面積の合計が、全体の面積になるのです。

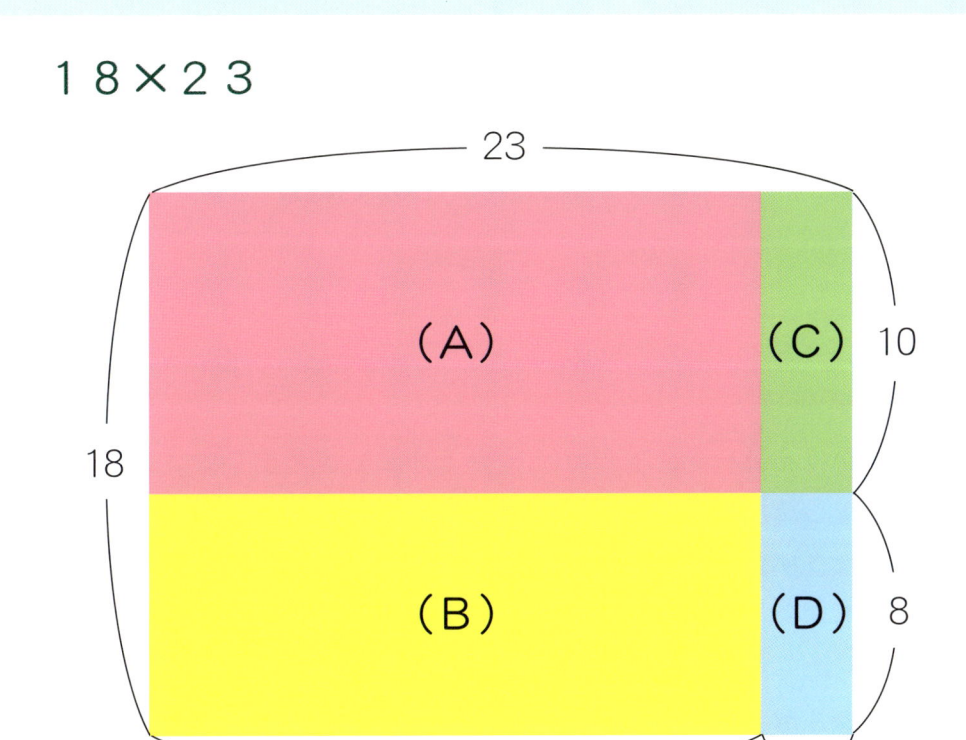

１８×２３

```
　　四角形（Ａ）の面積（１０×２０＝２００）
＋　四角形（Ｂ）の面積（８×２０＝１６０）
＋　四角形（Ｃ）の面積（１０×３＝３０）
＋　四角形（Ｄ）の面積（８×３＝２４）
────────────────────────────
　　四角形全体の面積（４１４）
```

かけ算

テクニック 1 ２けたの数字 ×１１のかけ算

例題１

36 × 11

たし算だけですぐに答がでるよ！

- そのまま
- 3 + 6 = 9
- そのまま

答 3 9 6

解説

１１をかける計算が、すばやくできる方法を覚えましょう。九九をしらなくても、たし算だけですぐに答がだせます。

たとえば、例題１のように３６×１１なら、１１でないほうの数３６に注目してください。まず、１の位はそのまま１の位の数字を書きます。１０の位は２けたの２つの数をたした数字（この場合は３＋６＝９）、そして３６の１０の位の３が１００の位になるのです。答は３９６になります。

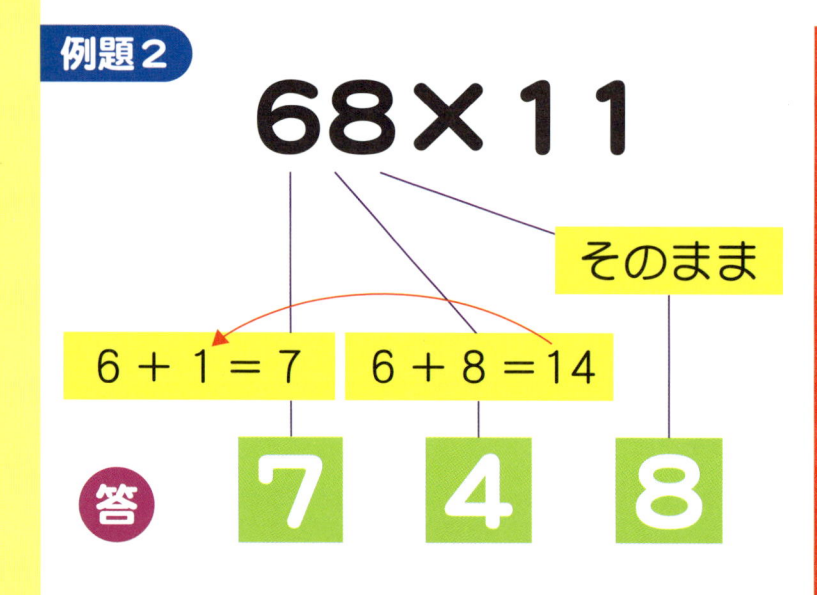

例題２

68 × 11

- 6 + 1 = 7
- 6 + 8 = 14
- そのまま

答 7 4 8

解説

６８×１１の計算を、この方法を使ってやってみましょう。

１の位は６８の８がそのまま入ります。１０の位は６＋８で１４の４が入り、１００の位に１くりあがって６＋１＝７。答は７４８になります。

1 2けたの数字 ×11 のかけ算

例題1　36×11 を面積で考えてみよう

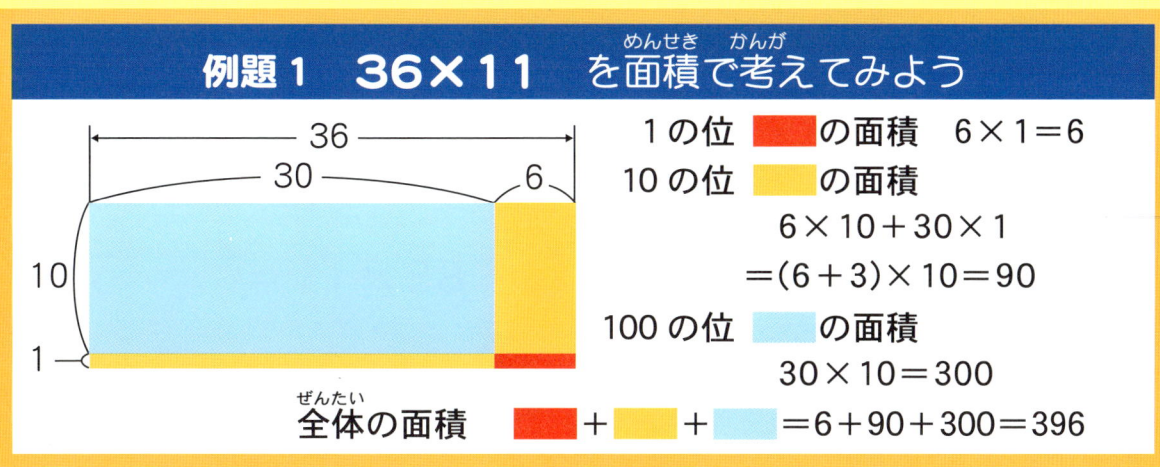

1の位　■ の面積　6×1＝6
10の位　■ の面積
　6×10＋30×1
　＝(6＋3)×10＝90
100の位　■ の面積
　30×10＝300

全体の面積　■ ＋ ■ ＋ ■ ＝6＋90＋300＝396

■ 問題をといてみよう。

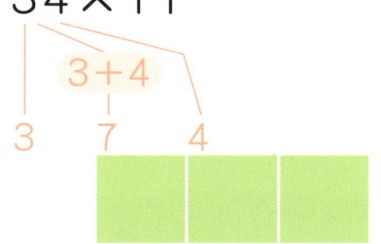

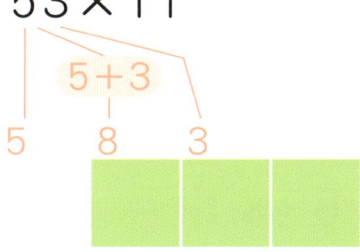

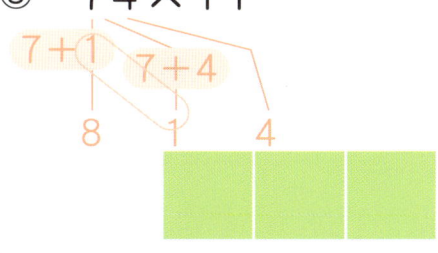

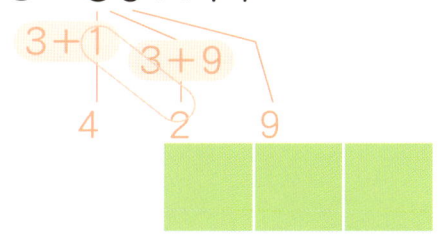

① 34×11
　3＋4
3　7　4

② 53×11
　5＋3
5　8　3

③ 74×11
7＋1　7＋4
8　1　4

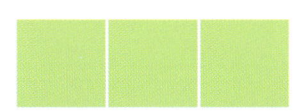

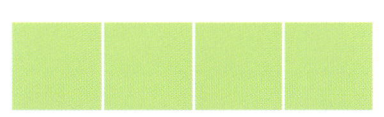

④ 39×11
3＋1　3＋9
4　2　9

⑤ 86×11
　8＋6

⑥ 99×11
　9＋9

答　①374　②583　③814　④429　⑤946　⑥1089

1 2けたの数字×11のかけ算

練習問題 くりかえし練習しよう。

① 12×11＝　　　　② 18×11＝

③ 25×11＝　　　　④ 83×11＝

⑤ 32×11＝　　　　⑥ 75×11＝

⑦ 35×11＝　　　　⑧ 97×11＝

⑨ 67×11＝　　　　⑩ 45×11＝

⑪ 89×11＝　　　　⑫ 36×11＝

⑬ 52×11＝　　　　⑭ 27×11＝

⑮ 56×11＝　　　　⑯ 64×11＝

⑰ 78×11＝　　　　⑱ 39×11＝

⑲ 43×11＝　　　　⑳ 21×11＝

答 ①132 ②198 ③275 ④913 ⑤352 ⑥825 ⑦385 ⑧1067 ⑨737 ⑩495 ⑪979 ⑫396 ⑬572 ⑭297 ⑮616 ⑯704 ⑰858 ⑱429 ⑲473 ⑳231

テクニック 2 ： 11〜19どうしのかけ算

例題1

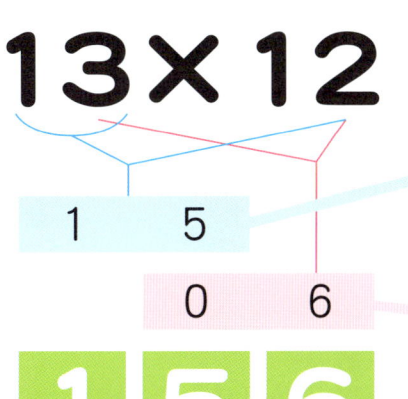

13 × 12

1	5	
	0	6

上2けたは 13＋2 または 12＋3 で 15

下2けたは 3×2＝6

答： 156

150＋6＝156

解説　まずどちらかの2けたの数字と、もうひとつの数の1の位の数字をたしましょう。13＋2（または12＋3）＝15になり、この数字が答の100の位と10の位になります。つまり150です。それに1の位の数字どうしをかけた合計をたせば150＋6で、答は156です。

例題2

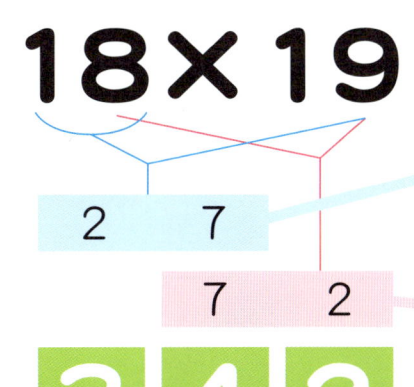

18 × 19

2	7	
	7	2

上2けたは 18＋9 または 19＋8 で 27

下2けたは 8×9＝72

答： 342

270＋72＝342

解説　上2けたの数は18＋9（または19＋8）＝27になります。それに1の位の数字どうしをかけた8×9＝72をたしてください。270＋72＝342が答になります。

かけ算

2 11〜19 どうしのかけ算

例題1　13×12 を面積で考えてみよう

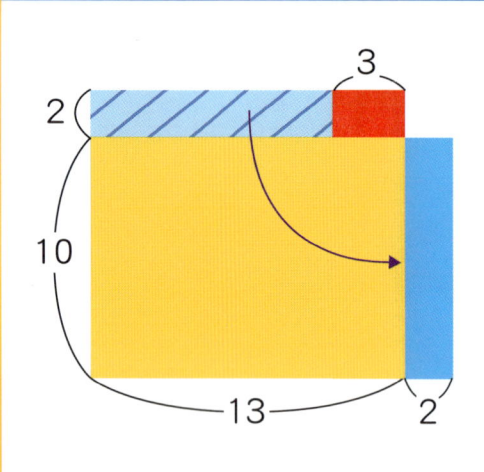

下2けた　■の面積
3×2＝6

上2けた　■＋■の面積
（13＋2）×10
＝150

全体の面積　■＋■＋■
＝6＋150＝156

■ 問題をといてみよう。

① 11×11
(11＋1)×10＋1×1
＝120＋1
＝

② 12×14
(12＋4)×10＋2×4
＝160＋8
＝

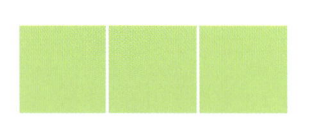

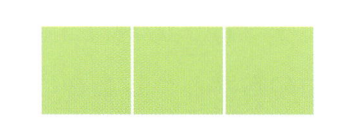

③ 13×19
(13＋9)×10＋3×9
＝

④ 14×17
(14＋7)×10＋4×7
＝

答　①121 ②168 ③247 ④238

テクニック 2 応用 — 11〜19とそれ以上の数のかけ算

例題3

14×28

テクニック2を使って速算 → 14×18+14×10

28を(18+10)におきかえる

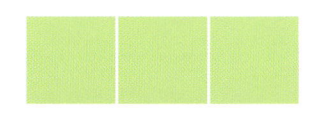

$$= 14 \times (18+10)$$
$$= 14 \times 18 + 14 \times 10$$
$$= 252 + 140$$
$$= 392$$

答 3 9 2

解説 例題3でも、11〜19どうしのかけ算をかんたんに計算するテクニックを使いましょう。28を(18+10)と置きかえると14×28＝14×(18+10)＝14×18+140＝(14+8)×10+(4×8)+140＝252+140 となり、392が答とわかります。

■問題をといてみよう

① 17×21
17×(11+10)
＝17×11+170
＝187+170
＝ □ □ □

② 16×24
16×(14+10)
＝16×14+160
＝224+160
＝ □ □ □

③ 19×23
19×(13+10)
＝19×13+190
＝ □ □ □

④ 18×29
18×(19+10)
＝18×19+180
＝ □ □ □

こたえ ①357 ②384 ③437 ④522

② 11～19 どうしのかけ算

練習問題 くりかえし練習しよう。

① $11 \times 13 =$ 　　　② $12 \times 13 =$

③ $17 \times 19 =$ 　　　④ $15 \times 19 =$

⑤ $15 \times 17 =$ 　　　⑥ $11 \times 19 =$

⑦ $18 \times 14 =$ 　　　⑧ $16 \times 17 =$

⑨ $12 \times 19 =$ 　　　⑩ $15 \times 15 =$

⑪ $13 \times 18 =$ 　　　⑫ $11 \times 16 =$

⑬ $13 \times 17 =$ 　　　⑭ $17 \times 17 =$

⑮ $12 \times 12 =$ 　　　⑯ $13 \times 21 =$

⑰ $15 \times 24 =$ 　　　⑱ $17 \times 23 =$

⑲ $18 \times 25 =$ 　　　⑳ $19 \times 26 =$

答 ①143 ②156 ③323 ④285 ⑤255 ⑥209 ⑦252 ⑧272 ⑨228 ⑩225 ⑪234 ⑫176 ⑬221 ⑭289 ⑮144 ⑯273 ⑰360 ⑱391 ⑲450 ⑳494

テクニック 3 — どちらかの数の1の位を0にする

例題1

$$17 \times 12$$

12を10と2にわける
$17 \times (10+2)$
$(17 \times 10)+(17 \times 2)$
$=170+34$

答 204

解説
　かけ算をするとき、どちらかの数が10や20のようにきりのいい数だと計算しやすくなりますね。数字をよく見て、1の位が0にできないか、いつもチェックするようにしてください。
　例題では、12＝10＋2ですから、
17×12＝17×(10＋2)＝170＋34＝204　となります。

例題2

$$46 \times 18$$

$=46\times(20-2)$
$=920-92$
$=920-(100-8)$
$=820+8$

答 828

　－のあとの（　）をひらくと＋と－が逆になるよ！

解説
この例題では、18＝(20－2)ですから、
46×18＝46×(20－2)＝920－92。92を(100－8)とおきかえると、さらにかんたんに計算できます。

かけ算

3 どちらかの数の1の位を0にする

例題1　17×12 を面積で考えてみよう

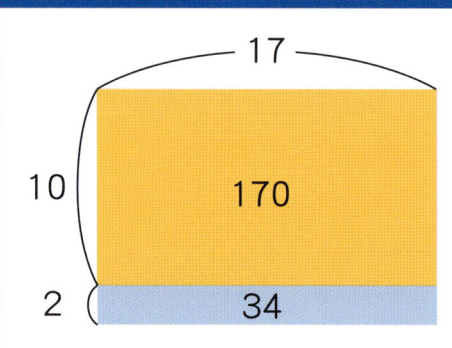

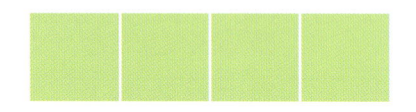

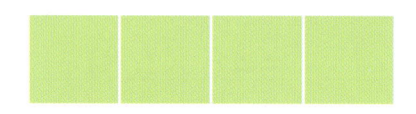

17
10　170
2　34

12 を 10 と 2 にわける
の面積　17×10＝170
の面積　17×2＝34
全体の面積＝　＋
　　　　　＝170＋34＝204

■問題をといてみよう。

① 18×41
18×(40＋1)
＝720＋18
＝

② 52×28
(50＋2)×28
＝1400＋56
＝

③ 24×29
24×(30－1)
＝720－24
＝

④ 53×78
53×(80－2)
＝4240－106
＝4240－100－6
＝

答 ①738 ②1456 ③696 ④4134

16

③ どちらかの数の1の位を0にする

練習問題　くりかえし練習しよう。

① 13×12＝　　　　② 23×21＝

③ 61×14＝　　　　④ 41×13＝

⑤ 52×12＝　　　　⑥ 25×31＝

⑦ 39×49＝　　　　⑧ 49×17＝

⑨ 18×19＝　　　　⑩ 39×51＝

⑪ 25×58＝　　　　⑫ 32×12＝

⑬ 55×19＝　　　　⑭ 38×79＝

⑮ 27×92＝　　　　⑯ 77×29＝

⑰ 18×62＝　　　　⑱ 37×89＝

⑲ 29×25＝　　　　⑳ 87×98＝

答 ①156 ②483 ③854 ④533 ⑤624 ⑥775 ⑦1911 ⑧833 ⑨342 ⑩1989 ⑪1450 ⑫384 ⑬1045 ⑭3002 ⑮2484 ⑯2233 ⑰1116 ⑱3293 ⑲725 ⑳8526

テクニック 4 — 偶数と1の位が5の数のかけ算

かけ算

例題1

16 × 35

- 偶数 → 8 × 2
- 1の位が5 → 7 × 5

56 × 10

答 5 6 0

「10をかけるだけだから超かんたん！」

解説　偶数と1の位が5の数のかけ算で使えるテクニックです。偶数を2とほかの数、1の位が5の数を5とほかの数をかけた形で表し、10をかける形に変えて計算するのです。(8×2)×(7×5)＝8×7×10＝560。かけ算をするときは、偶数と5の組み合わせがないか確認しましょう。

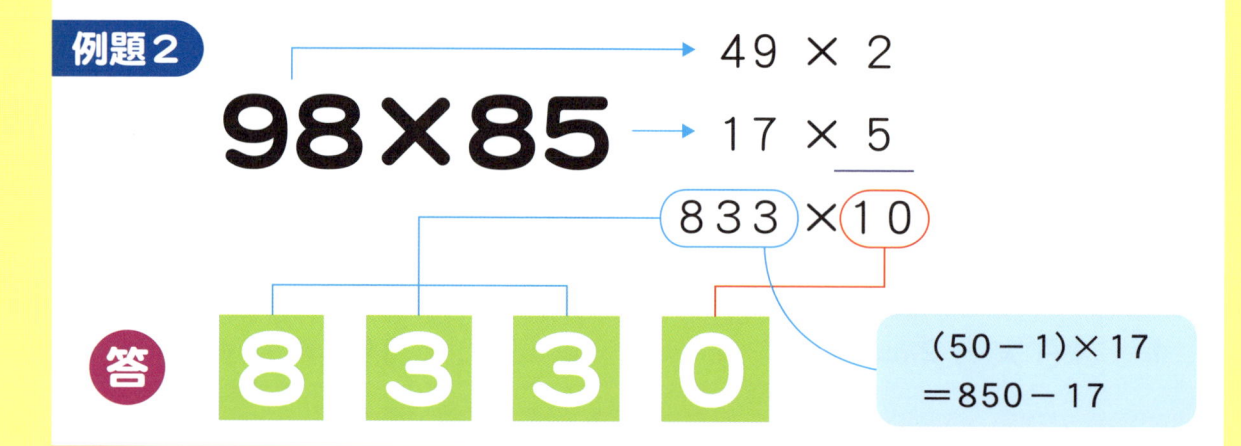

例題2

98 × 85

- → 49 × 2
- → 17 × 5

833 × 10

答 8 3 3 0

(50−1)×17
＝850−17

解説　少しむずかしい例題2の98×85をといてみましょう。98＝49×2、85＝17×5 ですから、49×17×10 という形になります。49を(50−1)と考えるともっとかんたんになります。(50−1)×17×10＝(850−17)×10＝8330 となります。

④ 偶数と1の位が5の数のかけ算

例題1　16×35 を面積で考えてみよう

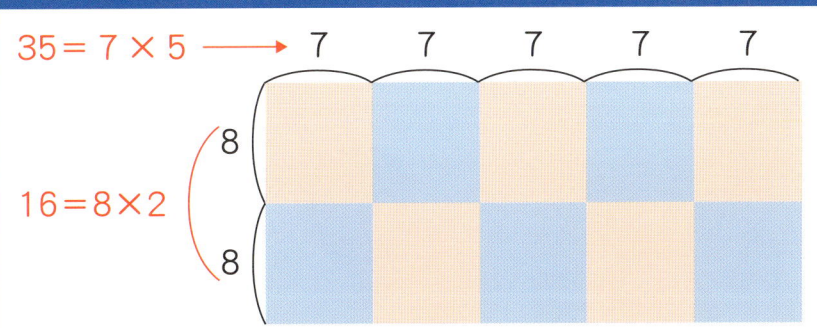

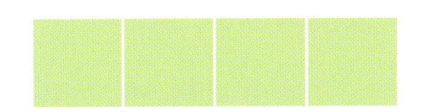

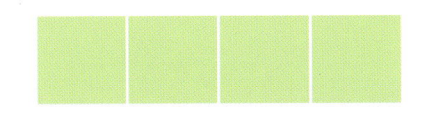

35＝7×5 → 7　7　7　7　7

16＝8×2　8／8

7×8の四角形が10こあるので、
7×8×10＝560

■問題をといてみよう。

① 18×45
(9×2)×(9×5)
＝9×9×10
＝81×10
＝

② 48×25
(24×2)×(5×5)
＝24×5×10
＝120×10
＝

③ 58×35
(29×2)×(7×5)
＝29×7×10
＝(30−1)×7×10
＝(210−7)×10
＝

④ 64×75
(32×2)×(15×5)
＝32×15×10
＝(30+2)×15×10
＝(450+30)×10
＝

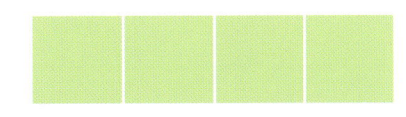

答 ①810 ②1200 ③2030 ④4800

テクニック 4 応用　奇数と1の位が5の数のかけ算

例題3

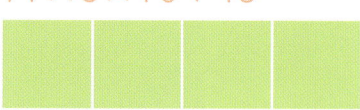

$$13 \times 35$$

$$= (12+1) \times 35$$
$$= 12 \times 35 + 35$$
$$= 6 \times 7 \times 10 + 35$$

答 4 5 5

13を12＋1とおきかえればかんたんだ！

解説

あなたは、偶数と1の位が5の2けたの数のかけ算のテクニックをすでに学んでいます。奇数を「偶数＋1」または「偶数－1」と置きかえてそれを使いましょう。例題3も13×35＝（12＋1）×35＝12×35＋35＝6×70＋35＝455のように、かんたんにとくことができますね。

■問題をといてみよう

① 23×45
(22+1)×45
＝22×45+45
＝11×9×10+45＝ ☐☐☐☐

② 39×75
(40－1)×75
＝40×75－75
＝20×15×10－75＝ ☐☐☐☐

③ 43×65
(42+1)×65
＝42×65+65
＝(20+1)×13×10+65
＝(2600+130)+65＝ ☐☐☐☐

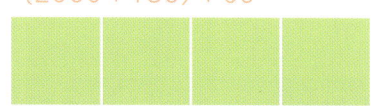

④ 89×25
(90－1)×25
＝90×25－25
＝(40+5)×5×10－25
＝(2000+250)－25 ☐☐☐☐

こたえ ①1035 ②2925 ③2795 ④2225

④ 1の位が5の数のかけ算

練習問題 くりかえし練習しよう。

① 28×25＝

② 18×15＝

③ 32×15＝

④ 26×25＝

⑤ 24×15＝

⑥ 31×25＝

⑦ 74×25＝

⑧ 38×45＝

⑨ 16×25＝

⑩ 42×35＝

⑪ 62×75＝

⑫ 64×45＝

⑬ 48×55＝

⑭ 98×45＝

⑮ 17×35＝

⑯ 51×45＝

⑰ 27×45＝

⑱ 21×65＝

⑲ 33×15＝

⑳ 23×95＝

答 ①700 ②270 ③480 ④650 ⑤360 ⑥775 ⑦1850 ⑧1710 ⑨400 ⑩1470 ⑪4650 ⑫2880 ⑬2640 ⑭4410 ⑮595 ⑯2295 ⑰1215 ⑱1365 ⑲495 ⑳2185

テクニック5 １の位が５で１０の位がおなじ数どうしのかけ算

例題１

１の位が５　おなじ数字

$$35 \times 35$$

$3 \times (3+1)$　　5×5

下２けたはいつも 25
上２けたは $3 \times (3+1)$

答 1 2 2 5

解説　末尾が５のおなじ数をかけるやりかたはかんたんです。答の下２けたは必ず２５で、その上のけたの数字は１０の位の数とそれに１をたした数字をかけた数になるのです。たとえば３５×３５なら下２けたが２５、そしてその上のけたは３×（３＋１）＝１２　となり、答は１２２５です。

例題２

$$85 \times 85$$

$8 \times (8+1)$　　5×5

下２けたはいつも 25
上２けたは $8 \times (8+1)$

答 7 2 2 5

解説　数字が大きくなっても、２けたならおなじやり方で計算できます。８５×８５の場合、まず下２けたは２５で決まりです。その上のけたの数字は、８×（８＋１）＝７２　になるのです。答は７２２５です。

5　1の位が5で10の位がおなじ数どうしのかけ算

例題1　35×35 を面積で考えてみよう

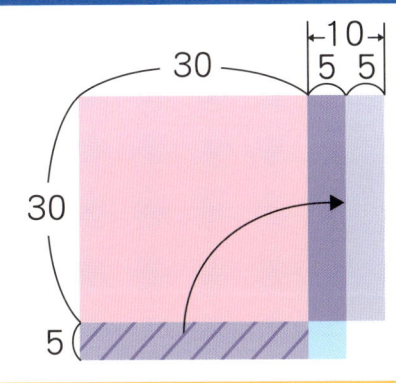

下2けたは ■ の面積
　5×5＝25

上2けたは ■＋■＋■ の面積
　30×(30＋10)＝1200

全体の面積　■＋■＋■＋■
　＝25＋1200＝1225

■問題をといてみよう。

① 25×25
　下2けたは 25
　上のけたは 2×(2＋1)＝6

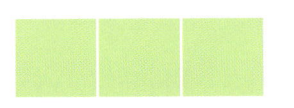

② 65×65
　下2けたは 25
　上のけたは 6×(6＋1)＝42

③ 75×75
　下2けたは 25
　上のけたは 7×(7＋1)

④ 95×95
　下2けたは 25
　上のけたは 9×(9＋1)

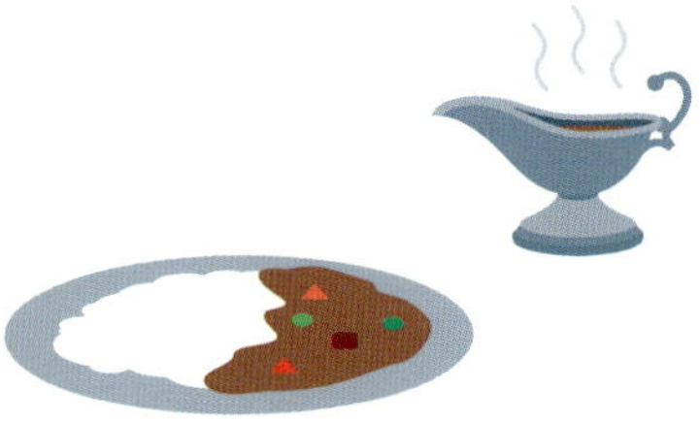

答　①625　②4225　③5625　④9025

テクニック 5 応用 1の位が5で10の位がおなじ数としてかけ算する

例題3

25×27

=25×(25+2)
=25×25+50
=625+50

答 6 7 5

27を25と2にわけるとかんたんになるね。

解説
あなたは、25×25をかんたんに計算する方法をすでに学んでいますから、そのテクニックをいかしてみましょう。25×27=25×(25+2)＝25×25+50 と置きかえるのです。25×25は625とすぐにわかりますから、50をたせばかんたんに答をだすことができるでしょう。

■問題をといてみよう

① 16×15
(15+1)×15
＝15×15+15
＝225+15
☐ ☐ ☐

② 25×24
25×(25−1)
＝25×25−25
＝625−25
☐ ☐ ☐

③ 45×47
45×(45+2)
＝45×45+90
☐ ☐ ☐ ☐

④ 55×53
55×(55−2)
＝55×55−110
☐ ☐ ☐ ☐

こたえ ①240 ②600 ③2115 ④2915

5 1の位が5で10の位がおなじ数どうしのかけ算

練習問題 くりかえし練習しよう。

① 15×15＝

② 35×35＝

③ 55×55＝

④ 25×25＝

⑤ 45×45＝

⑥ 85×85＝

⑦ 65×65＝

⑧ 95×95＝

⑨ 75×75＝

⑩ 25×24＝

⑪ 45×46＝

⑫ 75×73＝

⑬ 55×57＝

⑭ 65×64＝

⑮ 95×94＝

⑯ 55×56＝

⑰ 83×85＝

⑱ 75×76＝

⑲ 45×48＝

⑳ 95×93＝

テクニック6 １の位が５で10の位がちがう数どうしのかけ算

例題1

$$45 \times 65$$

10の位どうしをたすと偶数

$4 \times 6 + 5$　　5×5

答　2　9　2　5

１の位が５で１０の位の数字どうしをたして偶数なら、下２けたはいつも25。

それより上のけたは
$4 \times 6 + (4+6) \div 2$
$= 24 + 5 = 29$

解説

１の位が５で１０の位が偶数どうし、または奇数どうしのかけ算の答の下２けたは、テクニック４とおなじでいつも２５。それより上のけたは、２つの１０の位の数字をかけた数に、２つの数をたした数の半分をたしたものです。
１０の位が４と６なら、上のけたは $4 \times 6 + (4+6) \div 2 = 29$ となり、答は２９２５となります。

例題2

$$55 \times 85$$

10の位どうしをたすと奇数

$5 \times 8 + 6.5$　　$5 \times 5 + 50$

答　4　6　7　5

１の位が５で１０の位が偶数と奇数なら下２けたはいつも75

上のけたは $5 \times 8 + (5+8) \div 2$
$= 40 + 6.5 = 46.5$

解説

例題２のように１０の位どうしをたした数が奇数のときは、下２けたはいつも７５です。
上のけたの計算方法は例題１とおなじですが、計算すると小数点がつくので整数部分だけ使います。
小数点以下（0.5）が１０の位におりて下２けたが７５になるのです。

かけ算

6 1の位が5で10の位がちがう数どうしのかけ算

例題1　45×65 を面積で考えてみよう

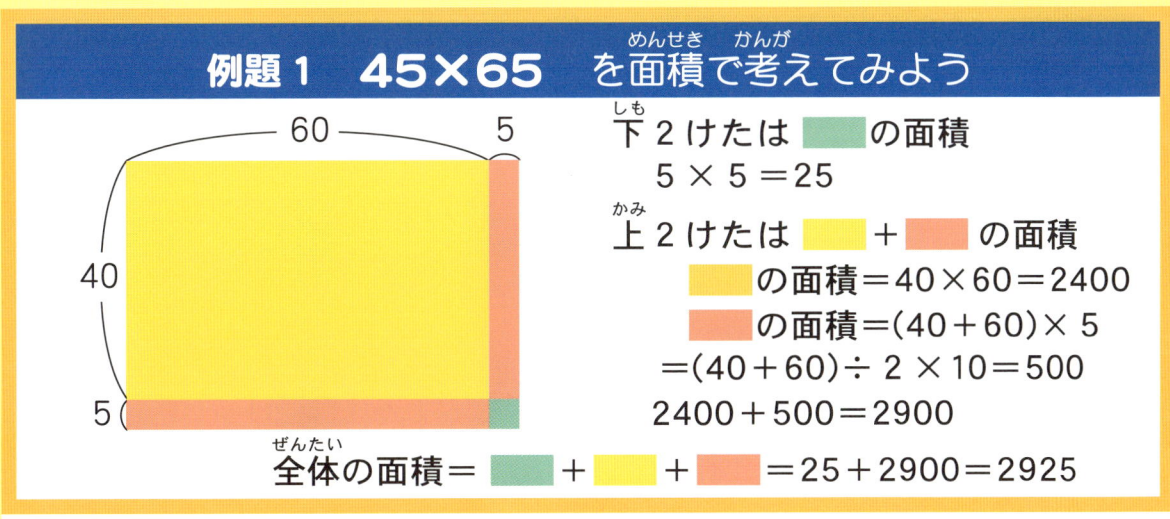

下2けたは 🟩 の面積
5×5＝25

上2けたは 🟨 ＋ 🟧 の面積
🟨 の面積＝40×60＝2400
🟧 の面積＝(40＋60)×5
＝(40＋60)÷2×10＝500
2400＋500＝2900

全体の面積＝ 🟩 ＋ 🟨 ＋ 🟧 ＝25＋2900＝2925

■問題をといてみよう。

① 25×45

10の位が偶数
どうしなので
下2けたは25。
上のけたは
2×4＋(2＋4)÷2

② 35×75

10の位が奇数
どうしなので
下2けたは25。
上のけたは
3×7＋(3＋7)÷2

③ 55×25

10の位が奇数
と偶数なので
下2けたは75。
上のけたは
5×2＋(5＋2)÷2

④ 95×85

10の位が奇数
と偶数なので
下2けたは75。
上のけたは
9×8＋(9＋8)÷2

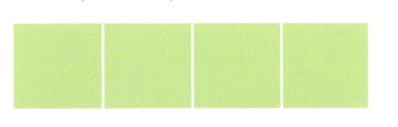

答 ①1125 ②2625 ③1375 ④8075

6 1の位が5で10の位がちがう数どうしのかけ算

練習問題 くりかえし練習しよう。

① 15×35＝　　　　② 25×65＝

③ 55×15＝　　　　④ 55×75＝

⑤ 25×95＝　　　　⑥ 45×55＝

⑦ 85×35＝　　　　⑧ 95×35＝

⑨ 45×25＝　　　　⑩ 15×65＝

⑪ 45×15＝　　　　⑫ 85×65＝

⑬ 25×75＝　　　　⑭ 55×35＝

⑮ 65×75＝　　　　⑯ 35×85＝

⑰ 75×55＝　　　　⑱ 95×85＝

⑲ 35×25＝　　　　⑳ 65×95＝

答 ①525 ②1625 ③825 ④4125 ⑤2375 ⑥2475 ⑦2975 ⑧3325 ⑨1125 ⑩975 ⑪675 ⑫5525 ⑬1875 ⑭1925 ⑮4875 ⑯2975 ⑰4125 ⑱8075 ⑲875 ⑳6175

テクニック 7

1の位がおなじで10の位をたすと10になる数のかけ算

例題1

おなじ　たすと10

36×76

3×7+6　　6×6

下2けたは1の位をかけた数

上のけたは10の位をかけた数＋1の位の数

答 2 7 3 6

解説
　1の位がおなじで、10の位の数をたすと10になる数字どうしのかけ算は、1の位の数をかけあわせると、そのまま下2けたになります。上のけたは、10の位の数どうしをかけたものに1の位の数をたします。
　例題1では、下2けたが6×6で36。上のけたは、3×7+6＝27となります。

例題2

89×29

8×2+9　　9×9

計算のやり方は**例題1**とおなじ

答 2 5 8 1

解説
　例題2では、下2けたは9×9で81。上のけたは、8×2+9で25。公式にあてはめるだけでかんたんに答が出るわけです。1の位と10の位をまちがえないように気をつけましょう。

かけ算

7 1の位がおなじで10の位をたすと10になる数のかけ算

かけ算

例題1　36×76 を面積で考えてみよう

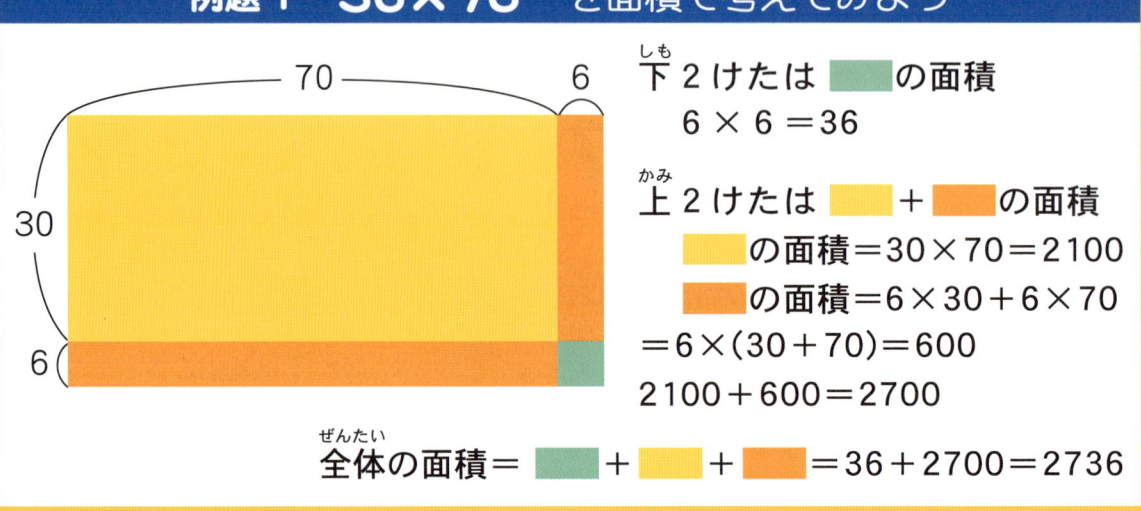

下2けたは ■ の面積
6×6＝36

上2けたは ■ ＋ ■ の面積
■ の面積＝30×70＝2100
■ の面積＝6×30＋6×70
＝6×(30＋70)＝600
2100＋600＝2700

全体の面積＝ ■ ＋ ■ ＋ ■ ＝36＋2700＝2736

■ 問題をといてみよう。

① 13×93

下2けたは 3×3＝9→09
上のけたは 1×9＋3＝12

② 26×86

下2けたは 6×6＝36
上のけたは 2×8＋6＝22

③ 48×68

下2けたは 8×8＝64

④ 62×42

下2けたは 2×2＝4→04

答 ①1209 ②2236 ③3264 ④2604

テクニック 7 応用

1の位がおなじで10の位をたすと10になる数字のかけ算を応用する

例題3

$$34 \times 73$$

$(33+1) \times 73$
$= 33 \times 73 + 73$
$= 2409 + 73$

34を（33＋1）とおきかえればかんたんだよ！

答 2 4 8 2

解説
あなたは、33×73をかんたんに計算するテクニックをすでに学んでいますから、それを利用すればいいのです。
33×73は下2けたが3×3＝9、上2けたが3×7＋3＝24なので、2409ですから、これに73をたした2482が答になります。

■ 問題をといてみよう

① 23×82
$=(22+1) \times 82$
$=22 \times 82 + 82$
$=1804 + 82$

② 62×41
$=(61+1) \times 41$
$=61 \times 41 + 41$
$=2501 + 41$

③ 76×37
$=(77-1) \times 37$
$=77 \times 37 - 37$
$=2849 - 37$

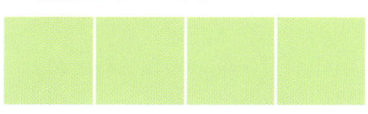

④ 86×24
$=(84+2) \times 24$
$=84 \times 24 + 48$
$=2016 + 48$

こたえ ①1886 ②2542 ③2812 ④2064

7 1の位がおなじで10の位をたすと10になる数のかけ算

練習問題　問題をといてみよう。

① 13×93＝
② 34×74＝
③ 43×63＝
④ 27×87＝
⑤ 42×62＝
⑥ 82×22＝
⑦ 92×12＝
⑧ 18×88＝
⑨ 32×72＝
⑩ 61×41＝
⑪ 86×26＝
⑫ 65×45＝
⑬ 27×86＝
⑭ 63×42＝
⑮ 78×39＝
⑯ 84×25＝
⑰ 36×74＝
⑱ 23×81＝
⑲ 47×69＝
⑳ 94×16＝

テクニック 8 — 10の位がおなじで1の位をたすと10になる数のかけ算

例題1

32×38

おなじ / たすと10

2×8=16

3×(3+1)=12

答 1 2 1 6

1の位どうしをかけた16が下2けたになる。

10の位の3と3に1をたした数をかけた12が上2けたになる。

解説 やり方を見ればわかるように、これはテクニック4とおなじ方法です。1の位どうしをかけた数を下2けたとして、10の位の数とそれに1をたした数をかけた数をその上のけたに入れれば、自動的に答になるのです。

例題2

71×79

1×9=9

7×(7+1)=56

答 5 6 0 9

1の位どうしをかけた9が下2けたになる。

10の位の7と7に1をたした数をかけた56が上2けたになる。

解説 まず、1の位の数どうしをかけます。1×9=9 なので、09が下2けたとわかります。そして、7×8=56 を上2けたに入れれば5609。これがこの計算の答です。とてもかんたんですね。

かけ算

⑧ 10の位がおなじで1の位をたすと10になる数のかけ算

例題1　32×38 を面積で考えてみよう

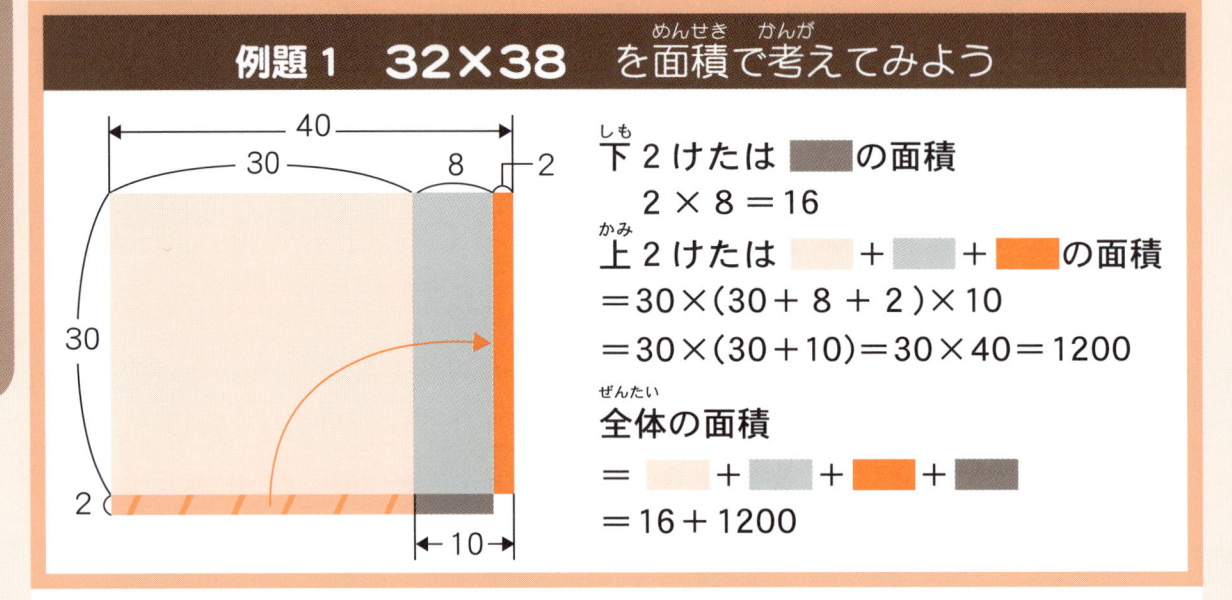

下2けたは ■ の面積
　2×8＝16
上2けたは ■＋■＋■ の面積
　＝30×(30＋8＋2)×10
　＝30×(30＋10)＝30×40＝1200

全体の面積
　＝ ■＋■＋■＋■
　＝16＋1200

■ 問題をといてみよう。

① 13×17

　　3×7＝0021
　　1×(1＋1)＝02
　　――――――――
　　　　　　221

② 29×21

　　9×1＝0009
　　2×(2＋1)＝06
　　――――――――
　　　　　　609

③ 48×42

　　8×2＝0016
　　4×(4＋1)＝20
　　――――――――

④ 86×84

　　6×4＝0024
　　8×(8＋1)＝72
　　――――――――

答　①221　②609　③2016　④7224

テクニック8 応用
10の位がおなじで1の位をたすと10になる数字のかけ算を応用する

例題3

$$33 \times 38$$

$$= (32+1) \times 38$$
$$= 32 \times 38 + 38$$
$$= 1216 + 38$$

上2けたは $3 \times (3+1)$
下2けたは 2×8

答 1254

解説 本書で学んだ、33×38をかんたんに計算できるテクニックを利用しましょう。33×38を(32+1)×38 におきかえればよいのです。
32×38+38=(3×4×100+2×8)+38=1216+38=1254 と、すぐに答がでます。

■問題をといてみよう

① 24×27
= 24×(26+1)
= 24×26+24
= 600+24+24
= ☐☐☐☐

② 42×49
= 42×(48+1)
= 42×48+42
= 2000+16+42
= ☐☐☐☐

③ 64×68
= 64×(66+2)
= 64×66+128
= ☐☐☐☐

④ 26×23
= 26×(24-1)
= 26×24-26
= ☐☐☐☐

こたえ ①648 ②2058 ③4352 ④598

8 10の位がおなじで1の位をたすと10になる数のかけ算

練習問題 くりかえし練習しよう。

① 11×19＝

② 17×13＝

③ 33×37＝

④ 26×24＝

⑤ 56×54＝

⑥ 21×29＝

⑦ 43×47＝

⑧ 84×86＝

⑨ 49×41＝

⑩ 12×18＝

⑪ 62×68＝

⑫ 34×36＝

⑬ 23×27＝

⑭ 63×67＝

⑮ 94×96＝

⑯ 12×19＝

⑰ 27×24＝

⑱ 34×37＝

⑲ 53×58＝

⑳ 82×89＝

答　①209 ②221 ③1221 ④624 ⑤3024 ⑥609 ⑦2021 ⑧7224 ⑨2009 ⑩216 ⑪4216 ⑫1224 ⑬621 ⑭4221 ⑮9024 ⑯228 ⑰648 ⑱1258 ⑲3074 ⑳7298

テクニック 9 10の位がおなじ2つの数のかけ算

例題1

$$32 \times 34$$

$$(32 + 4) \times 30 = 1080$$
$$+$$
$$2 \times 4 = 8$$

答 1088

一方に、もうひとつの数の1の位の数をたす。
32＋4 または 34＋2＝36

36に10の位の数字30をかけた数1080と1の位をかけた数8をたす。

解説
32×34の計算をしてみましょう。
まず、32と34の1の位である4をたします。32＋4＝36。この数に共通の10の位の30をかけると、36×30＝1080になります。これに1の位をかけた2×4＝8をたした1088が答です。

例題2

$$76 \times 78$$

$$(76 + 8) \times 70 = 5880$$
$$+$$
$$6 \times 8 = 48$$

答 5928

一方に、もうひとつの数の1の位の数をたす。
76＋8 または 78＋6＝84

84に10の位の数字70をかけた数5880と1の位をかけた数48をたす。

解説
76×78の計算では、1の位どうしをかけたときに48となり、けたがくりあがりますが、やり方を変える必要はありません。
（76＋8）×70＝5880。これに48をたした5928が答です。

⑨ 10の位がおなじ2つの数のかけ算

例題1 32×34 を面積で考えてみよう

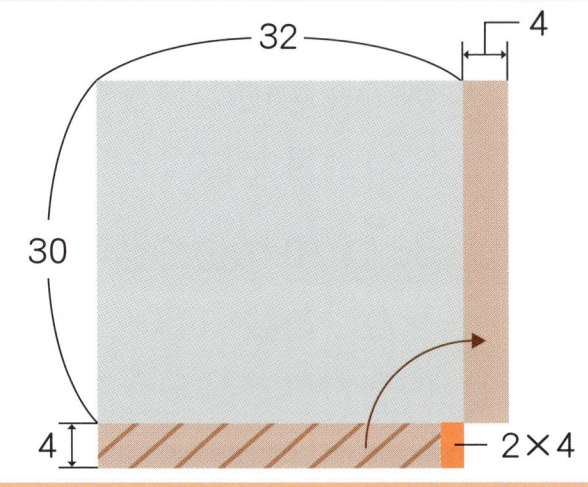

■の面積
＝2×4＝8

■＋■の面積
＝(32＋4)×30＝1080

全体の面積
＝■＋■
＝8＋1080＝1088

■ 問題をといてみよう。

① 13×16　(13＋6)×10＝190
　　　　　　6×3＝18
　　　　　　190＋18
　　　　　　＝

② 24×27　(24＋7)×20＝620
　　　　　　4×7＝28
　　　　　　620＋28
　　　　　　＝

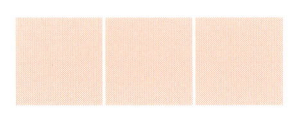

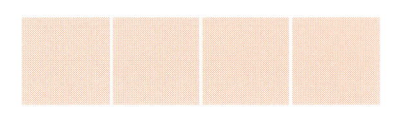

③ 37×38　(37＋8)×30＝1350
　　　　　　7×8＝56
　　　　　　1350＋56
　　　　　　＝

④ 53×57　(53＋7)×50＝3000
　　　　　　3×7＝21
　　　　　　3000＋21
　　　　　　＝

⑤ 44×48　(44＋8)×40＝
　　　　　　4×8＝

⑥ 65×67　(65＋7)×60＝
　　　　　　5×7＝

答 ①208 ②648 ③1406 ④3021 ⑤2112 ⑥4355

かけ算

⑨ 10の位がおなじ２つの数のかけ算

練習問題 くりかえし練習しよう。

① 12×16＝

② 16×18＝

③ 32×34＝

④ 26×29＝

⑤ 25×27＝

⑥ 23×24＝

⑦ 57×59＝

⑧ 67×68＝

⑨ 35×32＝

⑩ 53×56＝

⑪ 86×89＝

⑫ 78×79＝

⑬ 35×37＝

⑭ 33×36＝

⑮ 42×46＝

⑯ 88×89＝

⑰ 52×53＝

⑱ 23×29＝

⑲ 41×45＝

⑳ 86×88＝

答 ①192 ②288 ③1088 ④754 ⑤675 ⑥552 ⑦3363 ⑧4556 ⑨1120 ⑩2968 ⑪7654 ⑫6162 ⑬1295 ⑭1188 ⑮1932 ⑯7832 ⑰2756 ⑱667 ⑲1845 ⑳7568

テクニック⑩ おなじ数字でできた数どうしのかけ算

かけ算

例題1

22×33

2×3=6 — 0606 — 2×3=6

+12 — 06+06

答 726

2と3をかけて0606と書いておく。

06と06の合計12をけたのまんなかに置きそれをたす。

解説　おなじ数字でできた数、つまりゾロ目の数どうしのかけ算のテクニックです。まず、2つの数の10の位と1の位どうしをかけた数を並べ、つぎにその2つの数の合計を、まんなかのけたに置いてたせばそれが答です。
　例題1の22×33では、2×3と2×3を並べて0606とし、そのまんなかに12（＝6+6）を置いてたせば、606+12=726と答がでます。最初の手順で、66でなく0606と書くのがポイントです。

例題2

44×99

4×9=36 — 3636 — 4×9=36

+72 — 36+36

答 4356

4と9をかけて3636と書いておく。

36と36の合計72をけたのまんなかに置きそれをたす。

解説　まず4と9をかけて36をだし、3636と書きます。つぎに36と36をたして72をだし、まんなかに置いて合計したものが答です。やり方がわかればとてもかんたんですね。

10 おなじ数字でできた数どうしのかけ算

例題1　22×33 を面積で考えてみよう

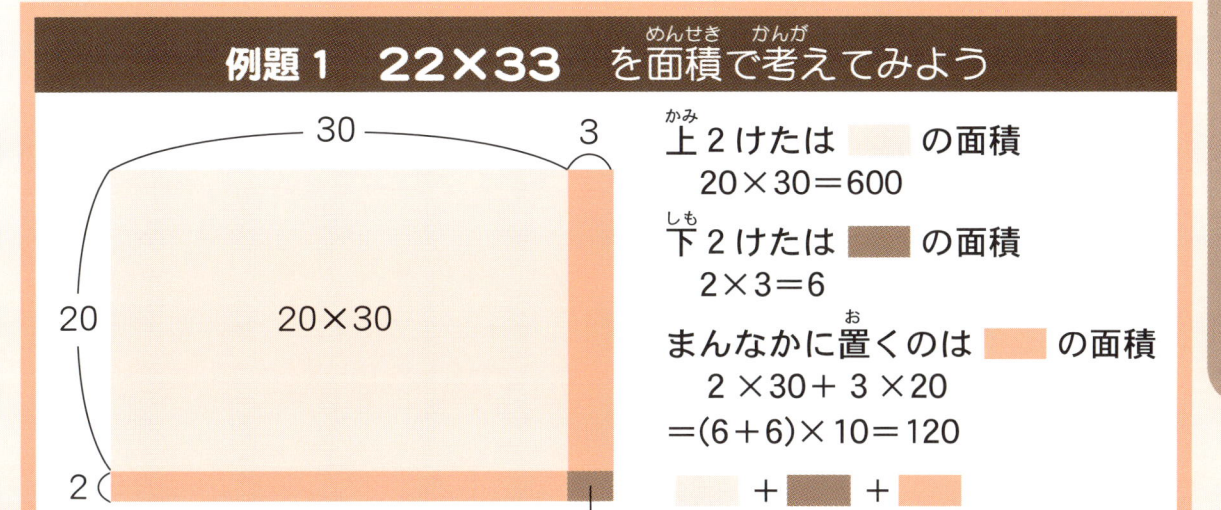

上2けたは □ の面積
20×30＝600

下2けたは ■ の面積
2×3＝6

まんなかに置くのは □ の面積
2×30＋3×20
＝(6＋6)×10＝120

□ ＋ ■ ＋ □
600＋6＋120＝726

■ 問題をといてみよう。

① 11×55
　　1×5＝5　　　0505
　　5＋5＝10　　　 10

② 22×77
　　2×7＝14　　　1414
　　14＋14＝28　　 28

③ 33×55
　　3×5＝15　　　1515
　　15＋15＝30　　 30

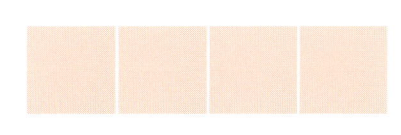

④ 66×99
　　6×9＝54　　　5454
　　54＋54＝108　 108
　　位がひとつ
　　くりあがる

答　①605　②1694　③1815　④6534

かけ算

⑩ おなじ数字でできた数どうしのかけ算

練習問題 くりかえし練習しよう。

① 11×22＝

② 11×44＝

③ 33×66＝

④ 44×77＝

⑤ 22×66＝

⑥ 11×88＝

⑦ 22×99＝

⑧ 55×77＝

⑨ 66×88＝

⑩ 77×99＝

⑪ 11×99＝

⑫ 22×44＝

⑬ 33×99＝

⑭ 55×66＝

⑮ 88×99＝

⑯ 44×33＝

⑰ 66×77＝

⑱ 55×99＝

⑲ 55×22＝

⑳ 55×88＝

答 ①242 ②484 ③2178 ④3388 ⑤1452 ⑥968 ⑦2178 ⑧4235 ⑨5808 ⑩7623 ⑪1089 ⑫968 ⑬3267 ⑭3630 ⑮8712 ⑯1452 ⑰5082 ⑱5445 ⑲1210 ⑳4840

テクニック 11 どちらか一方がおなじ数字の数のかけ算

例題1 23×33

2×3＝6 ― 0609 ― 3×3＝9
　　　　　＋15 ― 6＋9

答 759

10の位どうしと1の位どうしをかけて、0609と書いておく。
06と09の合計（15）をけたのまんなかに置き、それをたす。

解説
　どちらか一方がゾロ目の数のかけ算のテクニックです。
　まず、2つの数字の10の位と1の位どうしをかけた2つの数を並べます。つぎに、その2つの数の合計をまんなかのけたに置いてたせばそれが答です。
　例題1の23×33では、2×3と3×3を並べて0609とし、そのまんなかに15（＝6＋9）を置いてたせば、0609＋◇15◇＝0759と答がでます。最初の計算で、左右をまちがえないようにしましょう。

例題2 78×66

7×6＝42 ― 4248 ― 8×6＝48
　　　　　＋90 ― 42＋48

答 5148

かけて、ならべて、たして、まんなかにおくんだ！

解説
　まず、7と6、8と6をかけて42と48を出し、4248と書きます。つぎに42と48をたした90を、まんなかのけたに置いて合計したものが答になります。

11 どちらか一方がおなじ数字の数のかけ算

かけ算

例題1　23×33 を面積で考えてみよう

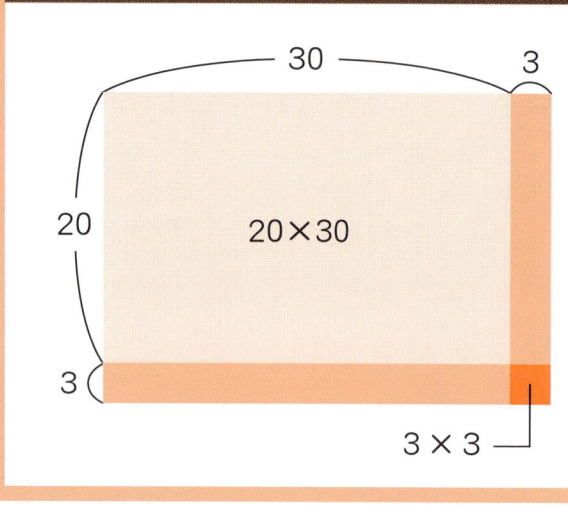

上2けたは ☐ の面積
20×30＝600

下2けたは ☐ の面積
3×3＝9

まんなかに置くのは ☐ の面積
3×20＋3×30＝60＋90
＝(6＋9)×10＝150

☐ ＋ ☐ ＋ ☐
＝600＋9＋150＝759

■ 問題をといてみよう。

① 16×33

$1×3=3$
$6×3=18$　0318
$3+18=21 \longrightarrow 21$

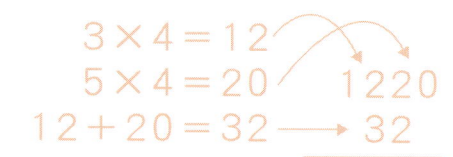

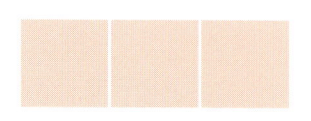

② 35×44

$3×4=12$
$5×4=20$　1220
$12+20=32 \longrightarrow 32$

③ 48×55

$4×5=20$
$8×5=40$
$20+40=60$

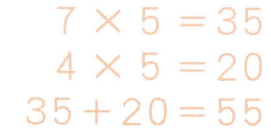

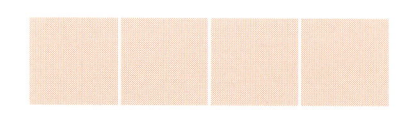

④ 74×55

$7×5=35$
$4×5=20$
$35+20=55$

答 ①528 ②1540 ③2640 ④4070

⑪ どちらか一方がおなじ数字の数のかけ算

練習問題 くりかえし練習しよう。

① 15×22＝

② 17×33＝

③ 21×22＝

④ 28×33＝

⑤ 46×88＝

⑥ 42×33＝

⑦ 23×55＝

⑧ 24×44＝

⑨ 39×77＝

⑩ 78×99＝

⑪ 45×77＝

⑫ 34×44＝

⑬ 52×22＝

⑭ 56×66＝

⑮ 93×44＝

⑯ 65×44＝

⑰ 37×66＝

⑱ 18×44＝

⑲ 63×22＝

⑳ 98×88＝

答 ①330 ②561 ③462 ④924 ⑤4048 ⑥1386 ⑦1265 ⑧1056 ⑨3003 ⑩7722 ⑪3465 ⑫1496 ⑬1144 ⑭3696 ⑮4092 ⑯2860 ⑰2442 ⑱792 ⑲1386 ⑳8624

テクニック12 まんなかの数がきりのよい数どうしのかけ算

かけ算

例題1　**18×22**

(20−2)×(20+2)
=400−4

まんなかの数…20
20×20=400

まんなかの数との差…2
2×2=4

答　**396**

解説　「まんなかの数」とは、2つの数の差が偶数のとき、ちょうど中間にある数のことです。2と4なら3、10と20なら15がまんなかの数になります。
　その1の位が0になる場合は、まんなかの数どうしをかけたものから、まんなかの数までの差をひけばかんたんに答がでます。18×22の場合はまんなかの数が20なので、20×20−2×2=396　というわけです。

例題2　**42×28**

(35+7)×(35−7)
=35×35−7×7
=1225−49

まんなかの数…35
35×35=1225

まんなかの数との差…7
7×7=49

答　**1176**

解説　このタイプの問題は、2つの数のまんなかの数字を見つけることさえできればかんたんにとけます。35×35のかけ算は22ページのテクニック5を思いだしてください。

12 まんなかの数がきりのよい数どうしのかけ算

例題1　18×22 を面積で考えてみよう

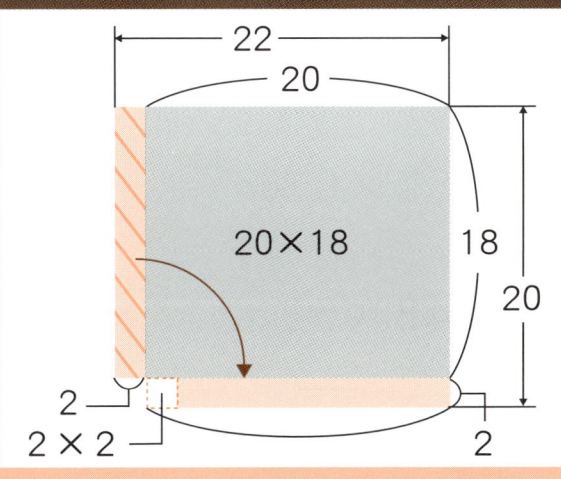

全体の面積
＝20×20－(2×2)
＝400－4＝396

18×22 と 20×20 の四角形を比べると、2×2のぶんだけ、18×22 のほうが小さいことがわかる。

■ 問題をといてみよう。

① 29×31
まんなかの数は 30 で、30×30＝900
まんなかの数との差は 1 で、1×1＝1
900－1＝ ☐☐☐

② 36×44
まんなかの数は 40 で、40×40＝1600
まんなかの数との差は 4 で、4×4＝16
1600－16＝ ☐☐☐☐

③ 28×22
まんなかの数は 25 で、25×25＝625
まんなかの数との差は 3 で、3×3＝9
☐☐☐

④ 53×37
まんなかの数は 45 で、45×45＝2025
まんなかの数との差は 8 で、8×8＝64
☐☐☐☐

⑤ 79×81
まんなかの数は 80 で、80×80＝6400
☐☐☐☐

⑥ 86×94
まんなかの数は 90 で、90×90＝8100
☐☐☐☐

答　①899　②1584　③616　④1961　⑤6399　⑥8084

12 まんなかの数がきりのよい数どうしのかけ算

練習問題 くりかえし練習しよう。

① 19×21＝

② 16×24＝

③ 39×41＝

④ 57×63＝

⑤ 27×33＝

⑥ 48×52＝

⑦ 76×84＝

⑧ 37×43＝

⑨ 24×26＝

⑩ 69×71＝

⑪ 46×54＝

⑫ 68×72＝

⑬ 38×32＝

⑭ 84×96＝

⑮ 88×92＝

⑯ 49×41＝

⑰ 91×79＝

⑱ 55×45＝

⑲ 67×83＝

⑳ 48×62＝

答 ①399 ②384 ③1599 ④3591 ⑤891 ⑥2496 ⑦6384 ⑧1591 ⑨624 ⑩4899 ⑪2484 ⑫4896 ⑬1216 ⑭8064 ⑮8096 ⑯2009 ⑰7189 ⑱2475 ⑲5561 ⑳2976

テクニック 13 — 2けたで90以上の数どうしのかけ算

例題1

93×96

(100−93)×(100−96)

100−(7+4)

答 8928

100からそれぞれをひいた数をかけた数が下2けた。
(100−93)×(100−96)
＝7×4＝28

100からその7と4をひいた数が上2けた。
100−(7+4)＝89

解説　93×96でやり方を説明しましょう。まず、100からそれぞれの数字をひいた数を求めます。ここでは7と4ですね。そして、7と4をかけた数（28）を下2けたに書き、100から7＋4＝11をひいた数（89）を上2けたに書けば8928。これが答です。

例題2

98×97

(100−98)×(100−97)

100−(2+3)

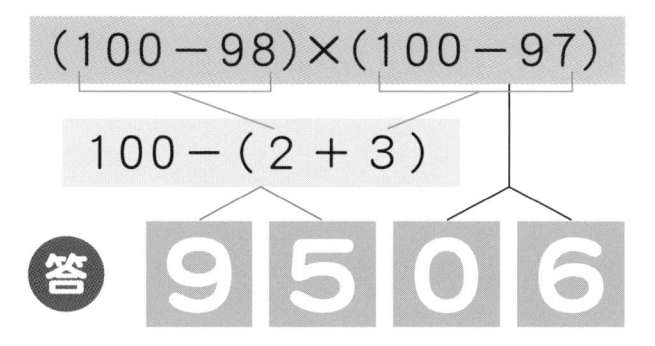

答 9506

100からそれぞれをひいた数をかけた数が下2けた。
(100−98)×(100−97)
＝2×3＝6

100からその2と3をひいた数が上2けた。
100−(2+3)＝95

解説　例題2では、100−98＝2、100−97＝3ですから2×3＝6。これを下2けたに06と書きます。そして100から2＋3＝5をひいた数、つまり95を上2けたに書きましょう。答は9506です。

かけ算

⑬ 2けたで90以上の数どうしのかけ算

例題1　93×96 を面積で考えてみよう

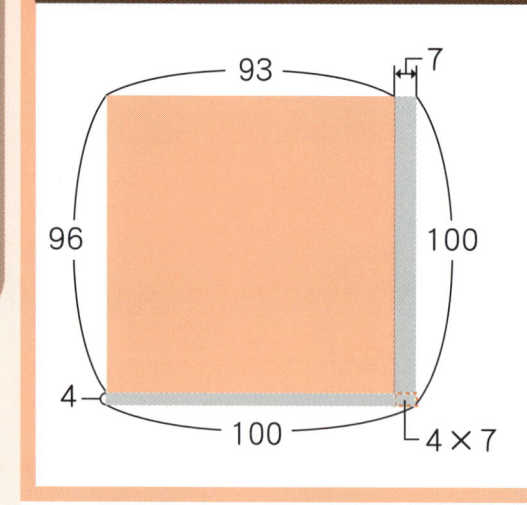

下2けたは ▓ の面積
　4×7＝28

上2けたは 100×100 から ▓ をとったのこりの面積
　100×100＝10000
　(7×100)＋(4×100)＝(7＋4)×100＝1100
　10000－1100＝8900

▓ が重なって計算されるので、その分をたしたものが ▓ の面積
　8900＋28＝8928

■問題をといてみよう。

① 91×92
　(100－91)×(100－92)
　＝9×8＝72
　100－(9＋8)
　＝83

② 91×94
　(100－91)×(100－94)
　＝9×6＝54
　100－(9＋6)
　＝85

③ 92×93
　(100－92)×(100－93)＝
　100－(8＋7)＝

④ 93×98
　(100－93)×(100－98)＝
　100－(7＋2)＝

答 ①8372 ②8554 ③8556 ④9114

13 2けたで90以上の数どうしのかけ算

練習問題 くりかえし練習しよう。

① 91×93=

② 91×94=

③ 92×96=

④ 93×96=

⑤ 94×98=

⑥ 96×97=

⑦ 94×97=

⑧ 92×97=

⑨ 91×95=

⑩ 95×99=

⑪ 91×92=

⑫ 92×99=

⑬ 95×98=

⑭ 98×99=

⑮ 92×93=

⑯ 95×95=

⑰ 96×98=

⑱ 91×99=

⑲ 97×98=

⑳ 98×93=

インド ① コラム

インド人もびっくり！

数当て手品 ①

この数当て手品のやり方はかんたんです！

まず、相手にメモ用紙などを渡して、

「なんでもいいから好きな数を書いてください。ただしぼく（わたし）には見せないで……」

と言って手品を始めます。つぎに、

「その数を2倍にして、そこに12をたしてください」

と言って計算してもらいましょう。それが終わったら、さらに、

「その答を2でわって、最初にあなたが決めた数字をひいてください」

と言い、計算が終わったらすぐ、

「その答は6ですね」

と宣言しましょう。それはピタリと当たっていて、相手を驚かすことができるでしょう。

■タネあかし

もとの数をAとします。上で相手にやってもらった計算を式に表すと

$(A × 2 + 12) ÷ 2 = A + 6$

となります。最後にそこからもとの数Aをひくと、それがどんな数であったとしても6になることがわかりますね。

でも、相手は自分が何も言わないのに、あなたが答を当てるのでとても不思議に思うはずです。

ただし、相手に書いてもらうのはできるだけ1けたの数にすること。3けた、4けたの数を書いたのに、答が6だとかなり不自然だからです。

そして、この手品は決して2回以上やってはいけません。だって、答はいつも6と決まっているのですから。

indian calculation method

② たし算・ひき算

たし算・ひき算はそろばんで考える

◆2けたのそろばんで考えよう

　たし算やひき算は、右脳を活用し、頭のなかにそろばんをイメージして計算しましょう。

　最近、インド数学関連の本がたくさん出版されるようになりましたが、そろばんとの結びつきを書いた本はほとんどありません。むかしから日本人の計算の力を支えてきたそろばんを利用すれば、インド式計算術をさらに効果的に使うことができるのに、これはとても残念なことです。

　世のなかには、何10けたもの数式を瞬時に計算できる暗算の名人がいますが、彼らがみんな天才というわけではありません。彼らの多くは、頭のなかに自由にのびちぢみするそろばんをイメージし、その玉をパチパチとはじいてすばやく答をだす練習を積んだ人たちなのです。

　でも、名人のように長いそろばんをイメージするのはむずかしいし、その必要もありません。とりあえず、2けたのたし算とひき算を、頭のなかのそろばんで暗算できるようにしましょう。2けたの計算ができれば、あとはその応用。3けたなら1けた＋2けた、4けたなら2けた＋2けた、そして5けたなら1けた＋2けた＋2けたとして計算すればいいのです。

　では、まずそろばんの使い方をおさらいしておきましょう。

◆そろばんを頭のなかにイメージして計算してみよう

　図Aはそろばんの一部分です。そろばんは、1個で1を表す一玉と、1こで5を表す五玉を動かして計算します。10以上になってけたがくりあがったら、左の列の玉を動かします。このうち、2列10個の玉だけをイメージして、頭のなかで玉をはじけるようになればよいのです。

　図Bは852とおいたそろばんの状態です。1の位は一玉2個、10の位は五玉1個、そして100の位は五玉1個と一玉3個で表しています。

　では、図Cの①〜④を見てください。1けたと2けたの数字をそろばんで示しています。下の（　）のなかに、その数字を記入しましょう。

たし算とひき算

図A　五玉／定位点／一玉／わく／はり／けた

図B

図C　①　②　③　④
（　）（　）（　）（　）

図D
[1] ＋ [2] ＝
[3] ＋ [5] ＝
[8] ＋ [5] ＝
[13] ＋ [9] ＝

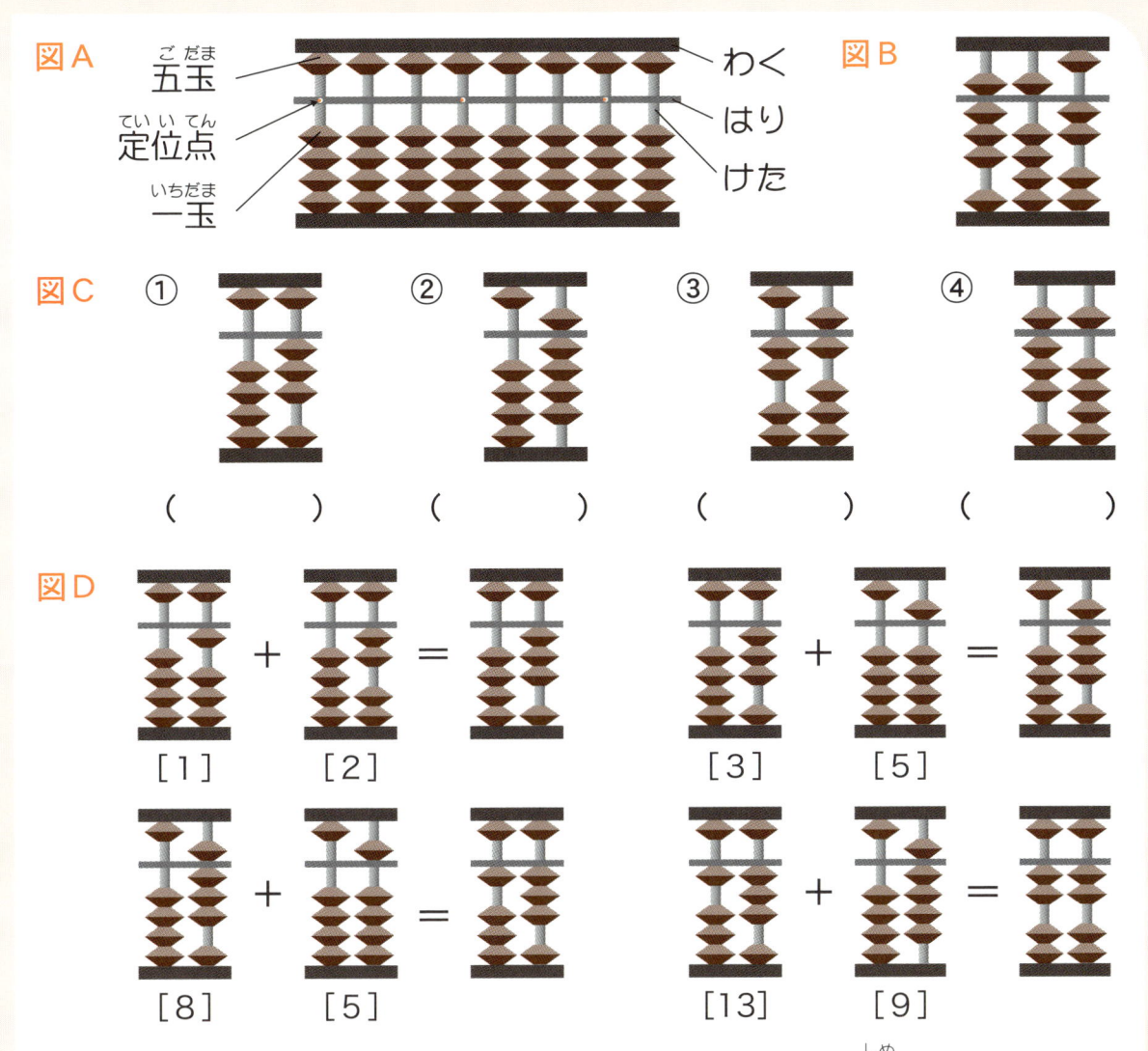

　図Dはそれぞれ 1＋2、3＋5、8＋5、13＋9 を示しています。この図を見たあと目を閉じて、今のたし算を頭のなかのそろばんではじきながら計算してください（そろばんをつかったたし算、ひき算のやり方がよくわからない人は、つぎのページをよく読んでください）。それができたら、つぎの問題にチャレンジしましょう。

　1＋2＋3＋4＋5＋6＋7＋8＋9＋10 を、そろばんを頭のなかに思いえがいて計算してください。答は 55 になります。この計算を何度もくり返し練習することで、だんだんと頭のなかのそろばんをしっかりとイメージできるようになるはずです。

たし算とひき算

図Cの答　①3　②9　③26　④85

そろばんの使い方（たし算とひき算）

◆けたの動きのない計算

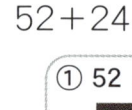

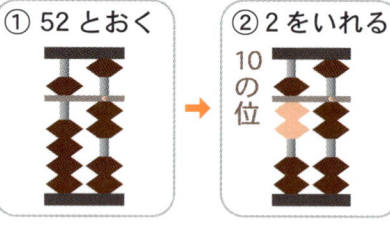

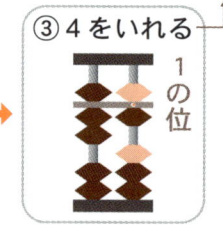

52＋24

① 52とおく → ② 2をいれる（10の位） → ③ 4をいれる（1の位）［5をいれて1とる］ → 答＝76

> そろばんではいつでも大きな位を先に計算するよ

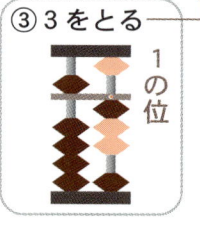

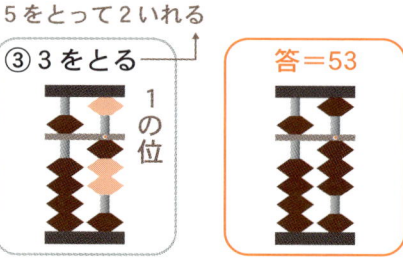

86－33

① 86とおく → ② 3をとる（10の位） → ③ 3をとる（1の位）［5をとって2いれる］ → 答＝53

◆けたの動きのある計算

37＋49

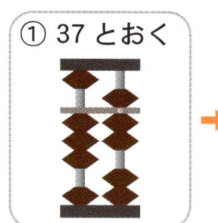

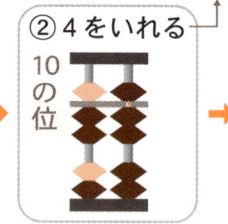

① 37とおく → ② 4をいれる（10の位）［5をいれて1とる］ → ③ 9をいれる（10の位／1の位）［1の位から1とって10の位に1あがる］ → 答＝86

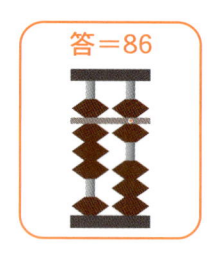

> 10の位から10をひき、1の位で2をたしたから8ひいたことになったんだね。

73－38

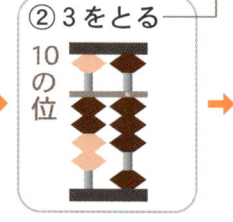

① 73とおく → ② 3をとる（10の位）［5をとって2いれる］ → ③ 8をとる（10の位／1の位）［10の位から1かりて5をいれて3とる］ → 答＝35

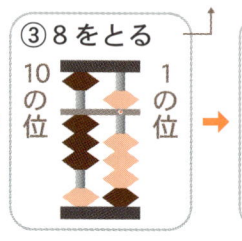

たし算とひき算

テクニック 14 ： 2けたのたし算

例題1　23＋42

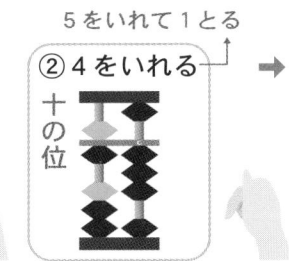

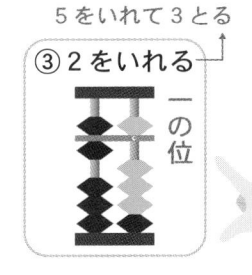

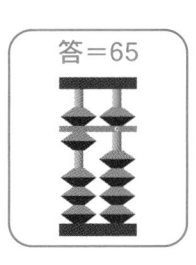

① 23とおく → ② 4をいれる（5をいれて1とる）十の位 → ③ 2をいれる（5をいれて3とる）一の位 → 答＝65

答　65

解説　23＋42を計算するときは、頭のなかのソロバンでまず23を入れ、つぎにそこに42のソロバンの玉を動かしましょう。答は65となります。
　ソロバンを頭のなかでうまくイメージできないときは、いったんイラストを丸覚えしてみましょう。なれればきちんと動かせるようになります。

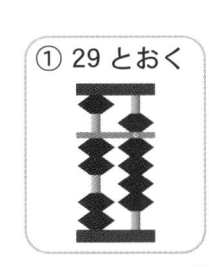

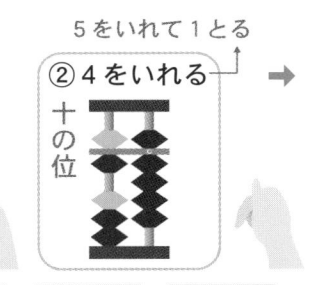

例題2　29＋48

① 29とおく → ② 4をいれる（5をいれて1とる）十の位 → ③ 8をいれる（一の位の2をとり十の位に1あがる）一の位 → 答＝77

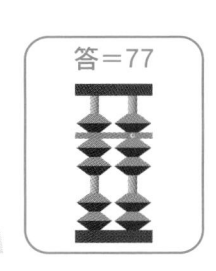

答　77

解説　29＋48の計算では1の位のたし算の答が10以上になり、つぎのけたにくりあがるのがむずかしいのですが、なれるとかんたんです。

たし算とひき算

⑭ 2けたのたし算

■ 問題をといてみよう。

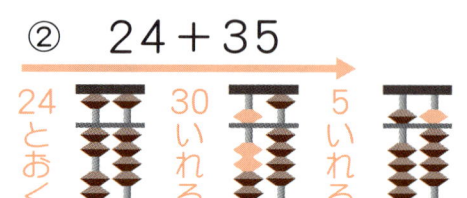

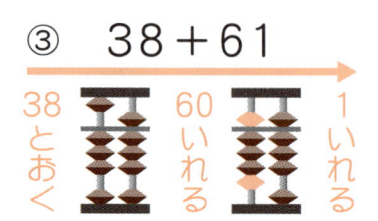

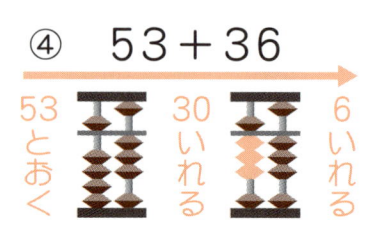

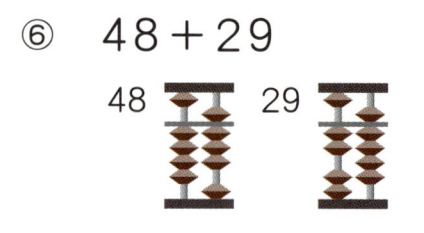

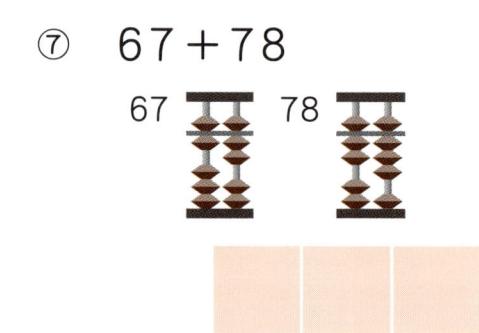

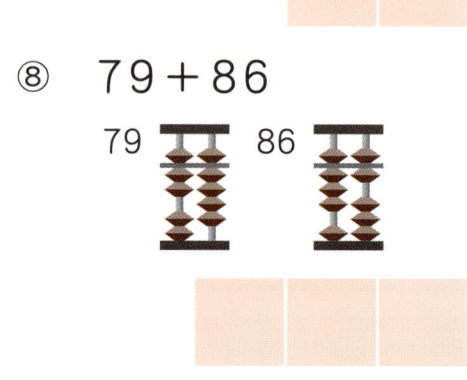

① 12＋23
12とおく　20いれる　3いれる

② 24＋35
24とおく　30いれる　5いれる

③ 38＋61
38とおく　60いれる　1いれる

④ 53＋36
53とおく　30いれる　6いれる

⑤ 54＋37
54　37

⑥ 48＋29
48　29

⑦ 67＋78
67　78

⑧ 79＋86
79　86

答　①35　②59　③99　④89　⑤91　⑥77　⑦145　⑧165

テクニック 15 ２けたのひき算

例題1　43−21

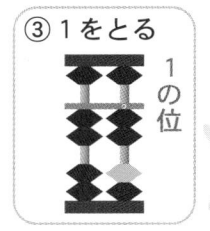

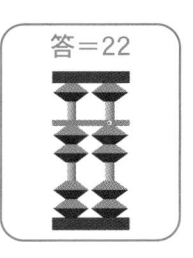

① 43とおく → ② 2をとる（10の位）→ ③ 1をとる（1の位）→ 答=22

答　22

解説

４３−２１を計算するときには、頭のなかのソロバンでまず４３を入れ、つぎに２１のソロバンの玉を動かして、答の２２をだします。

ソロバンを頭のなかでうまくイメージできないときは、いったんイラストを丸覚えしてみましょう。なれれば、きちんと動かせるようになります。

例題2　41−29

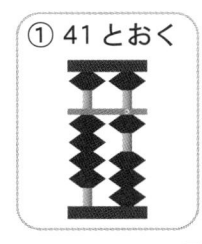

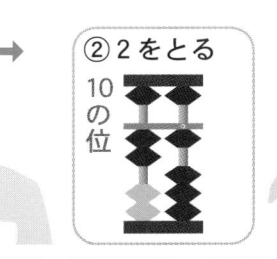

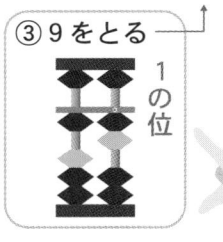

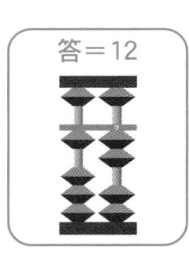

① 41とおく → ② 2をとる（10の位）→ ③ 9をとる（1の位）[10の位から1かりて1の位に1入れる] → 答=12

答　12

解説

４１−２９の計算では、１の位のひき算で１０の位から１かりてくるのがむずかしいのですが、なれるとかんたんです。

たし算とひき算

15 2けたのひき算

■ 問題をといてみよう。

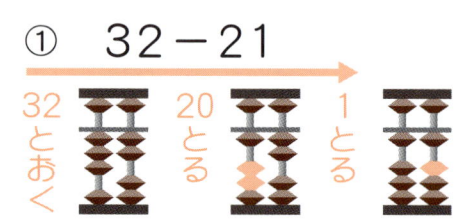

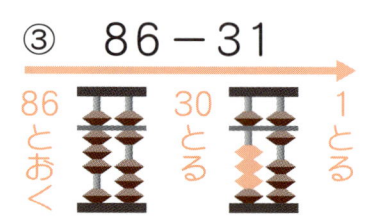

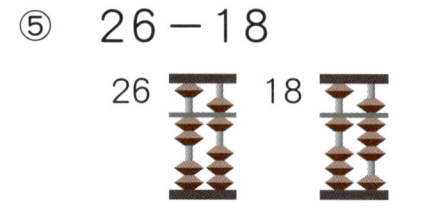

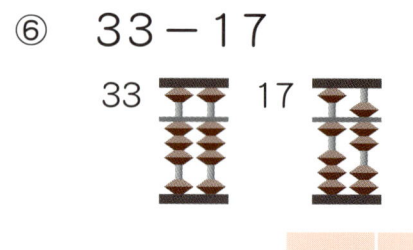

① 32−21
32とおく　20とる　1とる

② 46−22
46とおく　20とる　2とる

③ 86−31
86とおく　30とる　1とる

④ 94−62
94とおく　60とる　2とる

⑤ 26−18
26　18

⑥ 33−17
33　17

⑦ 67−39
67　39

⑧ 93−58
93　58

答 ①11 ②24 ③55 ④32 ⑤8 ⑥16 ⑦28 ⑧35

15 2けたのたし算とひき算

練習問題 くりかえし練習しよう。

① 11 + 15 =

② 36 + 42 =

③ 29 + 63 =

④ 53 + 34 =

⑤ 24 + 48 =

⑥ 69 + 48 =

⑦ 29 + 58 =

⑧ 47 + 69 =

⑨ 84 + 98 =

⑩ 77 + 23 =

⑪ 32 − 11 =

⑫ 53 − 39 =

⑬ 36 − 23 =

⑭ 76 − 38 =

⑮ 83 − 42 =

⑯ 43 − 15 =

⑰ 92 − 41 =

⑱ 74 − 52 =

⑲ 96 − 38 =

⑳ 95 − 36 =

テクニック 16　1けたの数字を0にして暗算する

例題1

68＋35

たし算はおなじ数でちがう記号

70＋33 ─ 68＋2＝70
　　　　　 35－2＝33

一方が＋ならもう片方は－

1 0 3

解説

たとえば68＋35という計算なら、(68＋2)＋(35－2)という形にすれば70＋33＝103　とかんたんに暗算することができます。
　常にどちらかの数字の1けたの位を0にする。このテクニックを忘れないでください。

例題2

84－26

ひき算はおなじ数でおなじ記号

90－32 ─ 84＋6＝90
　　　　　 26＋6＝32

80－22 ─ 84－4＝80
　　　　　 26－4＝22

5 8

一方が＋ならもう片方も＋
一方が－ならもう片方も－

解説

もちろん、ひき算でもおなじテクニックを使うことができます。
　84－26という計算なら、(84＋6)－(26＋6)＝90－32＝58、あるいは(86－4)－(26－4)＝80－22＝58　という形にすれば、暗算でかんたんに答をだすことができるのです。
　ひき算のときは、ひかれる数にある数をたしたら、おなじ数をひく数にもたす、ひいたときはおなじ数をひくというのがポイントです。

たし算とひき算

16 １ケタの数字を０にして暗算する

■問題をといてみよう。

① 29＋28
　＝(29＋1)＋(28－1)
　＝30＋27
　＝

② 67＋29
　＝(67－1)＋(29＋1)
　＝66＋30
　＝

③ 32－15
　＝(32－2)－(15－2)
　＝30－13
　＝

④ 51－28
　＝(51－1)－(28－1)
　＝50－27
　＝

⑤ 58＋37
　＝(58＋2)＋(37－2)
　＝

⑥ 77＋36
　＝(77＋3)＋(36－3)
　＝

⑦ 88－39
　＝(88＋2)－(39＋2)
　＝

⑧ 96－27
　＝(96＋4)－(27＋4)
　＝

たし算とひき算

答 ①57 ②96 ③17 ④23 ⑤95 ⑥113 ⑦49 ⑧69

16 1ケタの数字を0にして暗算する

練習問題 くりかえし練習しよう。

① 38 + 24 =

② 31 + 18 =

③ 48 + 29 =

④ 57 + 21 =

⑤ 73 + 56 =

⑥ 83 + 34 =

⑦ 64 + 51 =

⑧ 27 + 45 =

⑨ 78 + 39 =

⑩ 91 + 35 =

⑪ 42 − 18 =

⑫ 68 − 41 =

⑬ 82 − 37 =

⑭ 92 − 39 =

⑮ 51 − 23 =

⑯ 79 − 52 =

⑰ 93 − 48 =

⑱ 62 − 38 =

⑲ 87 − 53 =

⑳ 89 − 62 =

テクニック17 ひき算をたし算にかえる

例題1

83 − 19

83 −(20 − 1)= 63 + 1

> 1の位が0とか5とか計算しやすい数を使おう

答 64

解説
ひき算はたし算に比べてややこしい感じがしますが、少し工夫すればたし算に変えて、かんたんに計算することができます。
83−19の場合、83−(20−1)=83−20+1=64 と、かんたんに暗算できるのです。

例題2

191 − 97

191 −(100 − 3)= 91 + 3

> 100ひくのも3たすのもかんたんね♥

答 94

解説
このテクニックは2けたに限らず、もちろん3けたの計算でも使えます。たとえば191−97の場合、191−(100−3)=91+3=94 と計算することができます。＋と−の記号を逆にしないように注意してください。

たし算とひき算

17 ひき算をたし算にかえる

■問題をといてみよう。

① 64－29
=64－(30－1)
=34＋1
=

② 77－48
=77－(50－2)
=27＋2
=

③ 123－69
=123－(70－1)
=53＋1
=

④ 112－88
=112－(90－2)
=22＋2
=

⑤ 321－179
=321－(200－21)
=121＋21
=

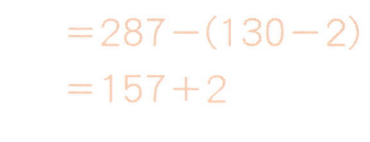

⑥ 287－128
=287－(130－2)
=157＋2
=

⑦ 456－289
=456－(300－11)
=

⑧ 875－688
=875－(700－12)
=

答 ①35 ②29 ③54 ④24 ⑤142 ⑥159 ⑦167 ⑧187

17 ひき算をたし算にかえる

練習問題 くりかえし練習しよう。

① 42 − 19 =

② 62 − 28 =

③ 75 − 47 =

④ 32 − 18 =

⑤ 53 − 29 =

⑥ 63 − 18 =

⑦ 73 − 28 =

⑧ 82 − 28 =

⑨ 48 − 19 =

⑩ 65 − 49 =

⑪ 118 − 39 =

⑫ 132 − 48 =

⑬ 145 − 28 =

⑭ 149 − 37 =

⑮ 153 − 29 =

⑯ 189 − 68 =

⑰ 340 − 298 =

⑱ 512 − 385 =

⑲ 741 − 593 =

⑳ 927 − 678 =

たし算とひき算

答 ①23 ②34 ③28 ④14 ⑤24 ⑥45 ⑦45 ⑧54 ⑨29 ⑩16 ⑪79 ⑫84 ⑬117 ⑭112 ⑮124 ⑯121 ⑰42 ⑱127 ⑲148 ⑳249

テクニック 18 順番にならんだ数のたし算

例題1

$$1+2+3+\cdots+9+10$$

$$10 \times 11 \div 2 = 55$$

5 5

解説 1から順番にならんだ数を全部たすといくつになるかを計算するには、いちばん大きな数字とそれに1をたした数字をかけて、2でわればいいのです。
　1＋2＋3＋……＋9＋10の場合、両はしにある数1と10、2と9…を順にたすとすべて11ですから、(1＋10)＋(2＋9)＋(3＋8)＋(4＋9)＋(5＋6)＝11×5＝11×10÷2 と考えるとわかりやすいでしょう。

例題2

$$1+2+3+\cdots+19+20$$

$$20 \times 21 \div 2 = 210$$

2 1 0

解説 このテクニックは、数がいくら大きくても、ならんだ数が偶数個でも奇数個でも関係なく使うことができます。1＋2＋3＋………＋19＋20なら、(20×21)÷2＝210、1＋2＋3＋………＋98＋99＋100なら、(100×101)÷2＝5050 とかんたんに答がでるのです。

たし算とひき算

テクニック 18 応用 — １以外の数から順番にならんだ数のたし算

例題１　12＋13＋…＋27＋28

1～28の合計　28×29÷2＝14×(30−1)＝406
1～11の合計　11×12÷2＝66

406−66　　**340**

解説
　１以外から順番にならんだ数のたし算は、２つの手順にわけて計算します。
　例題１の計算では、まず１から２８までの数のたし算の合計をだします。つぎに１から１１の合計をだして、それを全体の合計からひけばいいのです。
答は４０６−６６＝３４０になります。

例題２　77＋78＋…＋99＋100

1～100の合計　100×101÷2＝50×101＝5050
1～76の合計　76×77÷2＝38×77＝2926

5050−2926　　**2124**

解説
　このテクニックをきちんとマスターしておけば、あとはいくら数が大きくなってもおなじやり方で対応できます。
　例題２の計算も　（１００×１０１÷２）−（７６×７７÷２）＝５０×１０１−３８×７７＝５０５０−２９２６＝２１２４　と、すぐに答がだせるのです。

たし算とひき算

18 順番に並んだ数のたし算

練習問題 くりかえし練習しよう。

① $1+2+3+\cdots\cdots+15+16=$

② $1+2+3+\cdots\cdots+25+26=$

③ $1+2+3+\cdots\cdots+40+41=$

④ $1+2+3+\cdots\cdots+63+64=$

⑤ $1+2+3+\cdots\cdots+98+99=$

⑥ $8+9+10+\cdots\cdots+98+99=$

⑦ $24+25+26+\cdots\cdots+45+46=$

⑧ $30+31+32+\cdots\cdots+48+49=$

⑨ $55+56+57+\cdots\cdots+72+73=$

⑩ $78+79+80+\cdots\cdots+95+96=$

答 ①136 ②351 ③861 ④2080 ⑤4950 ⑥4922 ⑦805 ⑧790 ⑨1216 ⑩1653

インド ② コラム

カレンダー手品
インド人もびっくり！

「私、11月10日が誕生日なんだ！」
と言われたとき、
「今年は土曜日、来年は日曜日だからパーティとかできるね！」
なんて、カレンダーを見ずにすぐに答えられると、手品みたいでカッコいいですよね。ちょっとだけ準備をしておけば、それができるのです。

まず、きき手の指に曜日をわり当てます。
たとえば、図のように人指し指に「月・火・水」、中指に「木・金・土」、そして薬指に「日」と決めるのです。そして、1月から12月までのそれぞれの月の最初の日の曜日を覚えていきましょう。下の表に2007年と2008年のそれぞれの月の位置を示してあります。親指でそれぞれの場所をタッチしながら、4カ月を単位として覚えると頭に入りやすいようです。

それでは練習してみましょう。2007年11月10日は何曜日でしょうか？
11月1日が木曜日と覚えているわけですから、そこから考えます。1日に7を足した1週間後の8日も木曜日。そして8、9、10と順番に指をタッチしていけば、11月10日が土曜日であることがわかるのです。

2007年
- 2/3/11月 — 木
- 4/7月 — 日
- 1/10月 — 月
- 6月 — 金
- 5月 — 火
- 9/12月 — 土
- 8月 — 水

2008年
- 5月 — 木
- 6月 — 日
- 9/12月 — 月
- 2/8月 — 金
- 1/4/7月 — 火
- 3/11月 — 土
- 10月 — 水

1日は何曜日？

2007年		
1月…月曜日	5月…火曜日	9月…土曜日
2月…木曜日	6月…金曜日	10月…月曜日
3月…木曜日	7月…日曜日	11月…木曜日
4月…日曜日	8月…水曜日	12月…土曜日

1日は何曜日？

2008年		
1月…火曜日	5月…木曜日	9月…月曜日
2月…金曜日	6月…日曜日	10月…水曜日
3月…土曜日	7月…火曜日	11月…土曜日
4月…火曜日	8月…金曜日	12月…月曜日

インド ③ コラム

インド人もびっくり！ 数当て手品②

まず、相手にメモ用紙などをわたして、
「643 や 961 などのように大きな数字から小さな数字の順に並んでいる3けたの数字を考えて書いてください。そして、その数字から数の順番を逆にした数字をひいてください」（643 の場合、643－346＝297　となります）
と指示するところから、手品はスタートします。

計算が終わったら、
「それでは、いま計算した数字の順番をひっくり返した数字を、今度はたしてください」（297＋792＝1089）
と言いましょう。そして、計算が終わったらすぐ、
「その答は 1089 ですね」（ほかの数字になることはありません）
と宣言します。ピタリと当たっていて、相手はビックリするでしょう。

■タネあかし

最初に考えた3けたの数字をＡＢＣとしましょう。するとその数字は、
100×Ａ＋10×Ｂ＋1×Ｃ
という式で表されます。ここから順番をひっくり返したＣＢＡをひくと、
（100×Ａ＋10×Ｂ＋1×Ｃ）－（100×Ｃ＋10×Ｂ＋1×Ａ）
＝100×（Ａ－Ｃ）＋（Ｃ－Ａ）＝99（Ａ－Ｃ）
となります。

数字別の 99（Ａ－Ｃ）はつぎのようになります。これに、数字を逆に並べた数を足すと、答は必ず 1089 になるのです。

＊Ａ→Ｂ→Ｃの順に小さくなるので、（Ａ－Ｃ）は1以外の数
2……198（891 をたすと 1089）　　3……297（792 をたすと 1089）
4……396（693 をたすと 1089）　　5……495（594 をたすと 1089）
6……594（495 をたすと 1089）　　7……693（396 をたすと 1089）
8……792（297 をたすと 1089）　　9……891（198 をたすと 1089）

indian calculation method

3

かけ算の応用と わり算

テクニック 19 ２けた×２けたのたすきがけ算

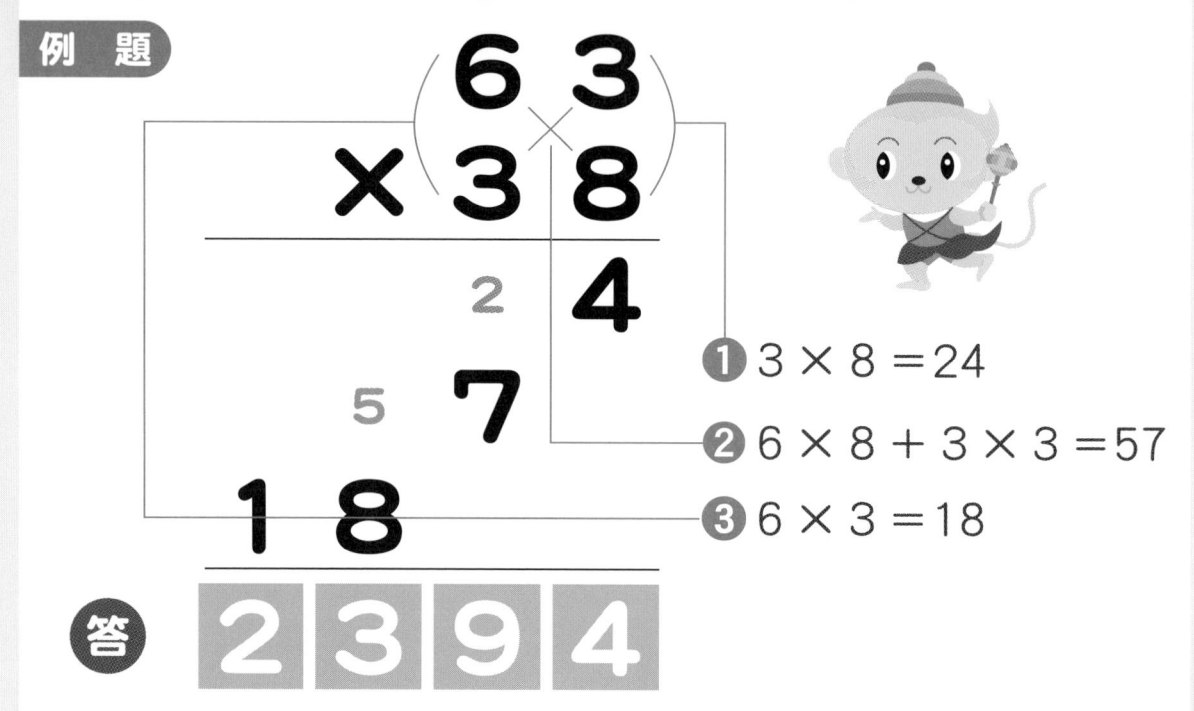

例題

```
     6 3
   ×  3 8
   ──────
       2 4
     5 7
   1 8
   ──────
```

① 3 × 8 = 24
② 6 × 8 + 3 × 3 = 57
③ 6 × 3 = 18

答 2394

例題をたすきがけ算で計算してみましょう。最初はふつうに計算するのとあまり違わないと感じられるかもしれませんが、たすきがけ算になれると、ほんの数秒でこの計算ができることに気づくでしょう。このテクニックをつかうことで、暗算力がとてもアップするのです。

解説

❶ １の位どうしをかけると２４になるので、この計算の１の位は４になるとわかります。１０の位の２はつぎのけたにくりあがります。左上のスペースに小さく書くのがインド式です。

❷ たすきがけの計算をしてその数をたします。（6×8）+（3×3）=５７で、ここに１の位からくりあがった２をたして５９となるので、１０の位の数字は９になります。１０の位の５はつぎのけたにくりあがります。

❸ 3×6=18に５をたして２３。答は２３９４です。

かけ算の応用とわり算

⑲ 2けた×2けたのたすきがけ算

■ 問題をといてみよう。

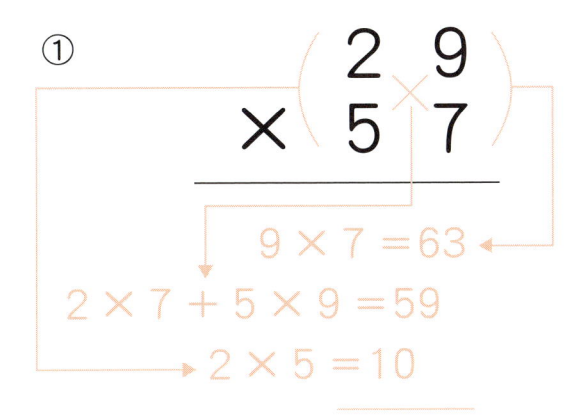

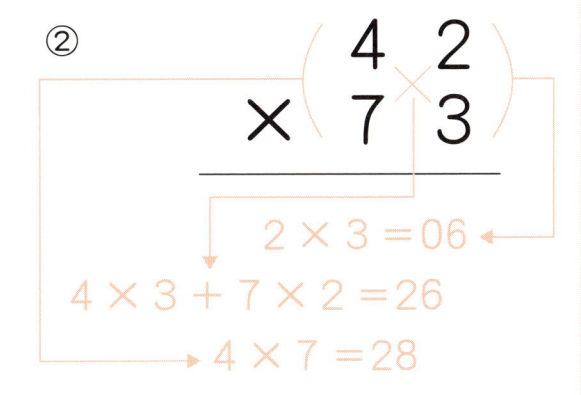

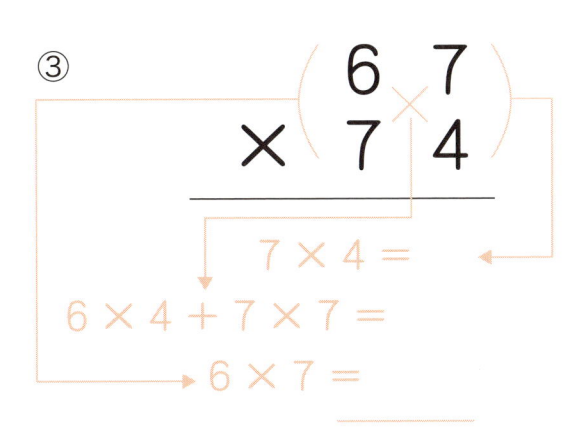

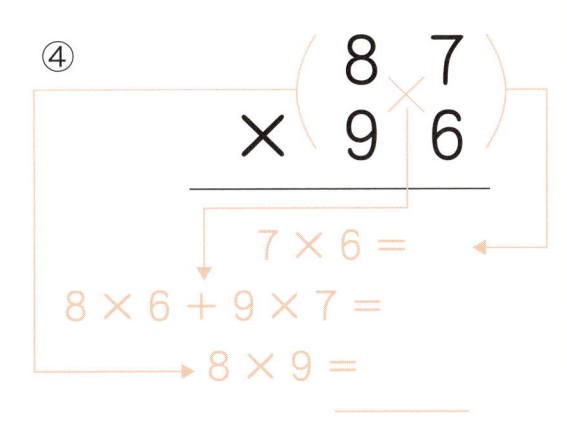

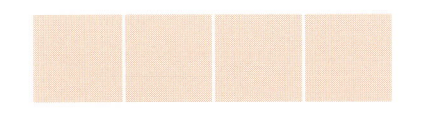

①
```
  2 9
× 5 7
───────
```
→ 9×7=63
2×7+5×9=59
→ 2×5=10

☐☐☐☐

②
```
  4 2
× 7 3
───────
```
→ 2×3=06
4×3+7×2=26
→ 4×7=28

☐☐☐☐

③
```
  6 7
× 7 4
───────
```
→ 7×4=
6×4+7×7=
→ 6×7=

☐☐☐☐

④
```
  8 7
× 9 6
───────
```
→ 7×6=
8×6+9×7=
→ 8×9=

☐☐☐☐

答 ①1653 ②3066 ③4958 ④8352

かけ算の応用とわり算

19 2けた×2けたのたすきがけ算

練習問題 くりかえし練習しよう。

① 27 × 39

② 47 × 83

③ 31 × 42

④ 39 × 58

⑤ 31 × 48

⑥ 59 × 27

⑦ 67 × 23

⑧ 74 × 39

⑨ 89 × 88

⑩ 98 × 91

答 ①1053 ②3901 ③1302 ④2262 ⑤1488 ⑥1593 ⑦1541 ⑧2886 ⑨7832 ⑩8918

かけ算の応用とわり算

テクニック 20 — 3けた×3けたのたすきがけ算

例題

```
  2 4 8
× 3 5 7
───────
```

5 6 ❶ 8×7 = 56 （1の位： 248 × 357）

6 8 ❷ (4×7)+(5×8) = 68 （10の位）

5 8 ❸ (2×7)+(3×8)+(4×5) = 58 （100の位）

2 2 ❹ (2×5)+(3×4) = 22 （1000の位）

6 ❺ 2×3 = 6 （10000の位）

答 8 8 5 3 6

解説
基本的な計算のやり方は、2けた×2けたのたすきがけ算とおなじです。1の位〜10000の位の数をだすのに、それぞれどの数字とどの数字をたすきがけすればよいか、しっかり覚えておきましょう。

かけ算の応用とわり算

20 ３けた×３けたのたすきがけ算

練習問題 くりかえし練習しよう。

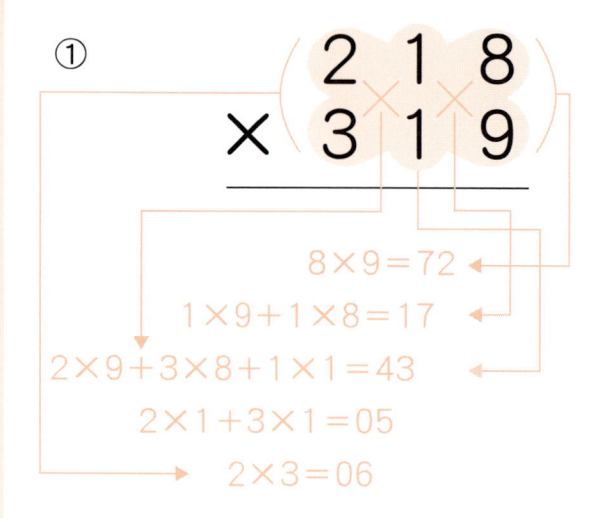

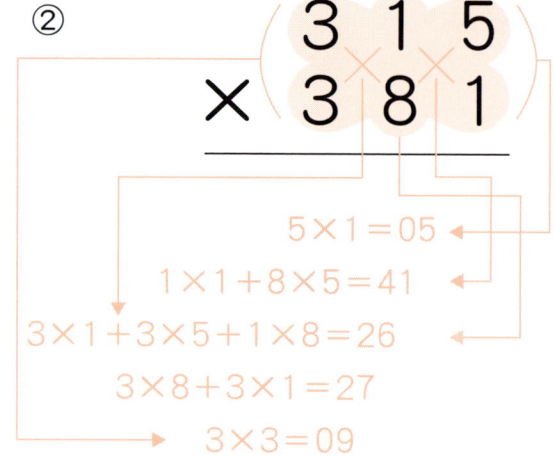

① 218 × 319

8×9=72
1×9+1×8=17
2×9+3×8+1×1=43
2×1+3×1=05
2×3=06

② 315 × 381

5×1=05
1×1+8×5=41
3×1+3×5+1×8=26
3×8+3×1=27
3×3=09

③ 583 × 381

3×1=
8×1+8×3=
5×1+3×3+8×8=
5×8+3×8=
5×3=

④ 518 × 538

8×8=
1×8+3×8=
5×8+5×8+1×3=
5×3+5×1=
5×5=

かけ算の応用と割り算

答　①69542　②120015　③222123　④278684

78

テクニック㉑ 2けた×2けたのマス目算

例題 48×57

答 2736

```
4 + 0 + 2 + 1 = 7
              ↑
         1くりあがる  +1
5 + 8 = 13
```

マス目の図：
- 上に 4, 8
- 横に 5, 7
- 左上のマス: 2/0（たて4よこ5）
- 右上のマス: 4/0（たて8よこ5）
- 左下のマス: 2/8（たて4よこ7）
- 右下のマス: 5/6（たて8よこ7）
- 外側の合計：2, 7, 3, 6

解説

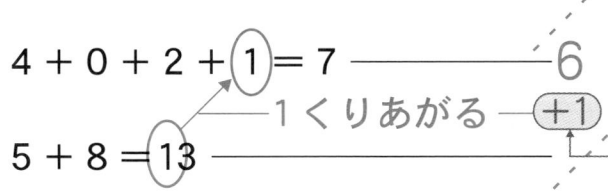

マス目算もインド式計算法の重要なテクニックです。このやり方をマスターすれば、3けた、4けたのかけ算も、九九とたし算だけでスラスラとけるようになります。2けた×2けたのかけ算48×57で説明してみましょう。

❶ 4つのマス目を書いて、右上からななめの線（図では赤い点線）を入れ、マスの上とよこにかける数字を書きます（ここでは上に48、よこに57）。

❷ それぞれのマス目に上とよこの数をかけた答を入れます。左の白い三角形に10の位の数字、右の赤い三角形に1の位の数字が入ります（たて8よこ5のマスは4／0、たて4よこ7のマスは2／8のようになります）。

❸ ななめの線で区切られたスペースごとに、右から順にマスのなかの数字をたしていき、その合計をマス目の外に書いておきます。合計が10以上なら左のスペースにくりあげます。

❹ マス目の外の合計（赤い字で表示）を左上から順番にならべた2736が答となります。

かけ算の応用とわり算

21 2けた×2けたのマス目算

■ 問題をといてみよう。

① 39×23

② 84×75

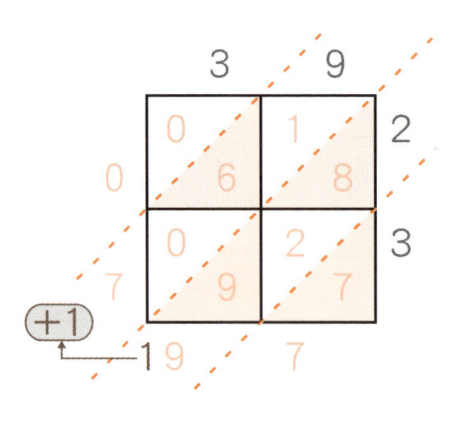

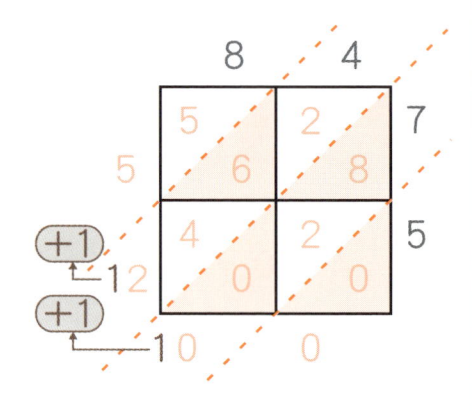

③ 62×76

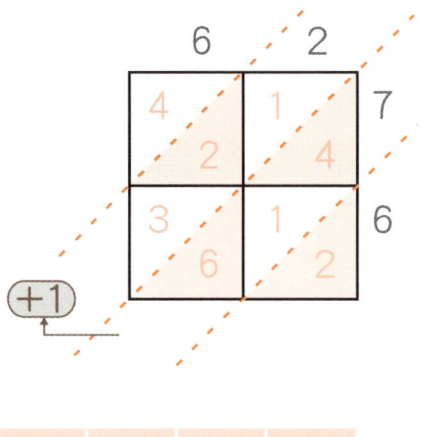

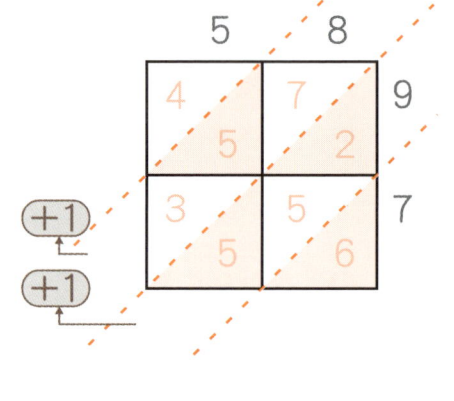

④ 58×97

答 ①897 ②6300 ③4712 ④5626

21 2けた×2けたのマス目算

練習問題 くりかえし練習しよう。

① 18×34

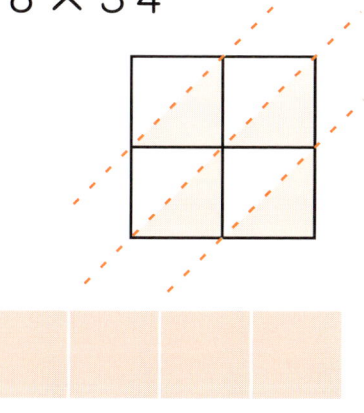

② 26×48

③ 64×86

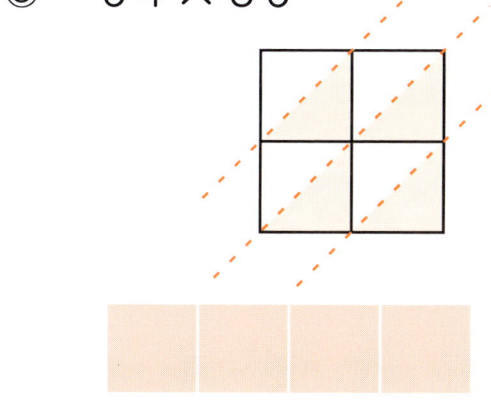

④ 84×92

⑤ 59×79

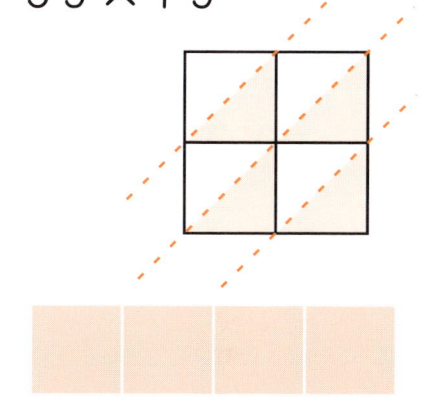

⑥ 32×46

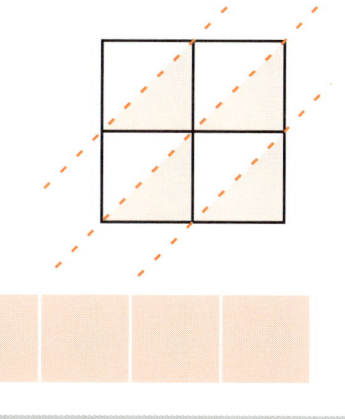

答 ①612 ②1248 ③5504 ④7728 ⑤4661 ⑥1472

かけ算の応用とわり算

テクニック22 3けた×3けたのマス目算

例題 358×629

$1 + ① = 2$
1くりあがる

$3 + 8 + 0 + ① = 12$
1くりあがる

$4 + 0 + 1 + 6 + 2 + ② = 15$
2くりあがる

$8 + 1 + 0 + 4 + 7 + ① = 21$
1くりあがる

$6 + 7 + 5 = 18$

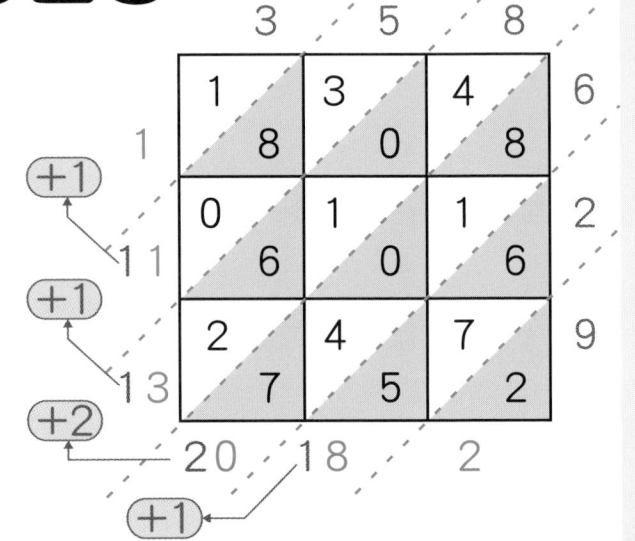

答 225182

解説

3けた×3けたのかけ算を、358×629で説明しましょう。

❶ 9つのマス目を書いて、右上からななめの線（図では赤い点線）を入れ、マスの上とよこにかける数字（ここでは358と629）を書きます。

❷ それぞれのマス目に上とよこの数をかけた答を入れます。

❸ ななめの線で区切られたスペースごとに、右から左に向かってマスのなかの数字をたしてマス目の外に書きます。合計が10以上なら左のスペースにくりあげます。

❹ マス目の外の数字を、左上から順番にならべた225182が答です。

かけ算の応用とわり算

22 3けた×3けたのマス目算

■問題をといてみよう。

① 287×163

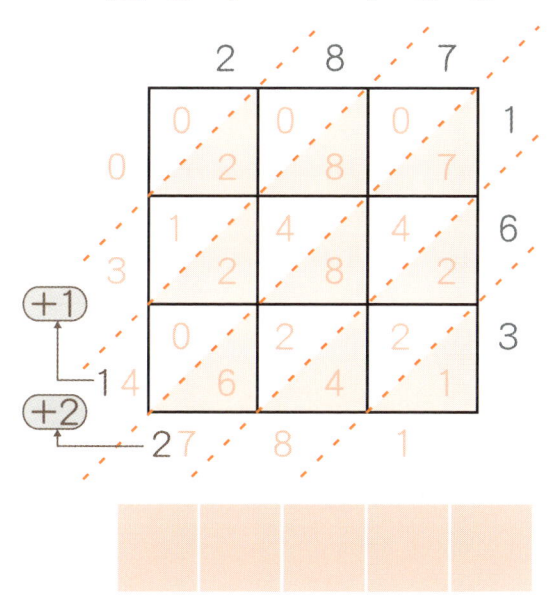

② 364×285

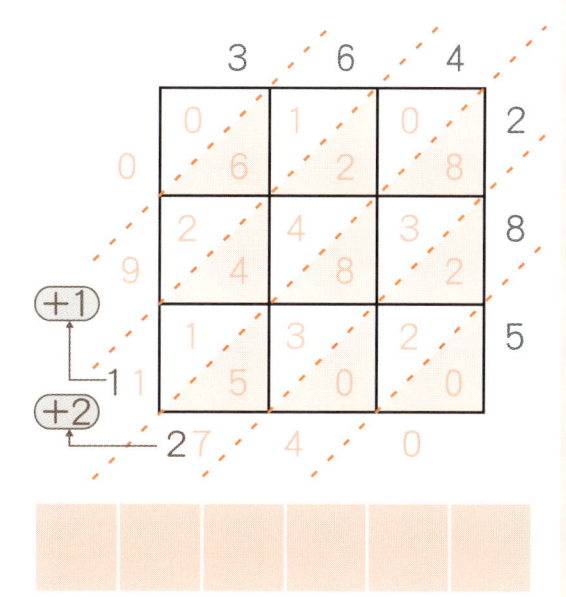

③ 618×456

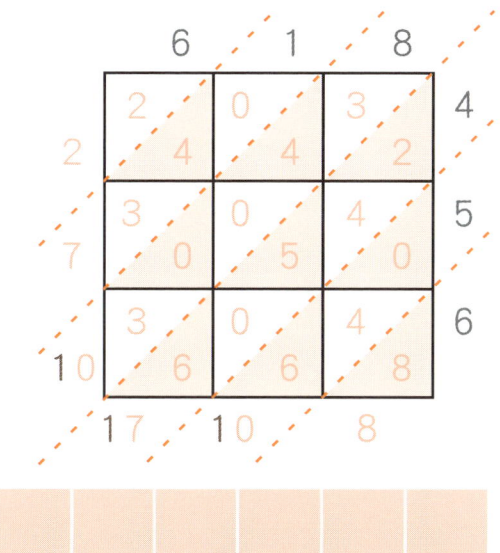

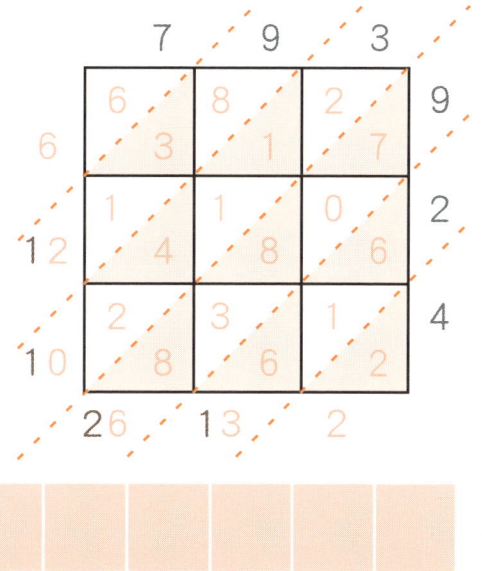

④ 793×924

答 ①46781 ②103740 ③281808 ④732732

22 3けた×3けたのマス目算

練習問題 くりかえし練習しよう。

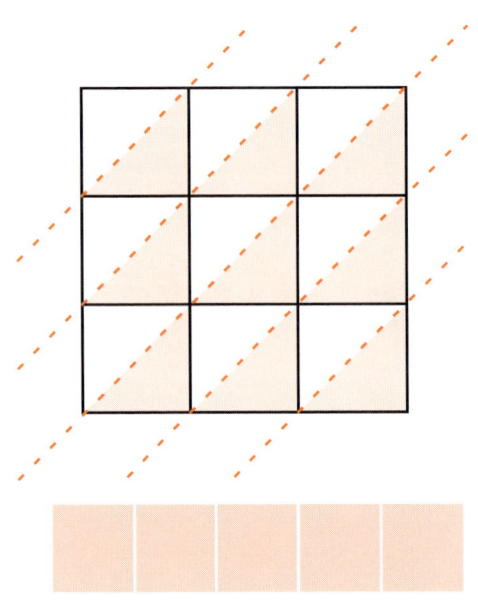

① 137×183

② 234×418

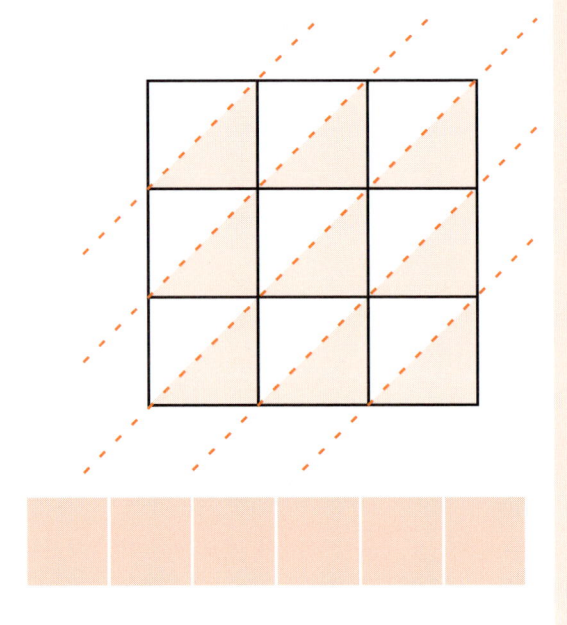

③ 592×731

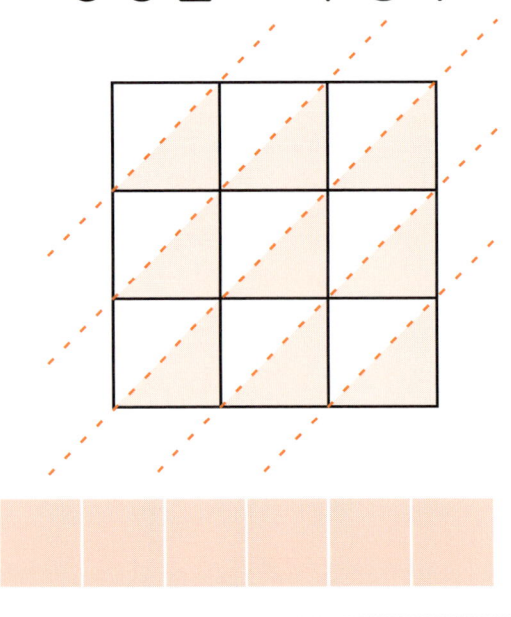

④ 814×849

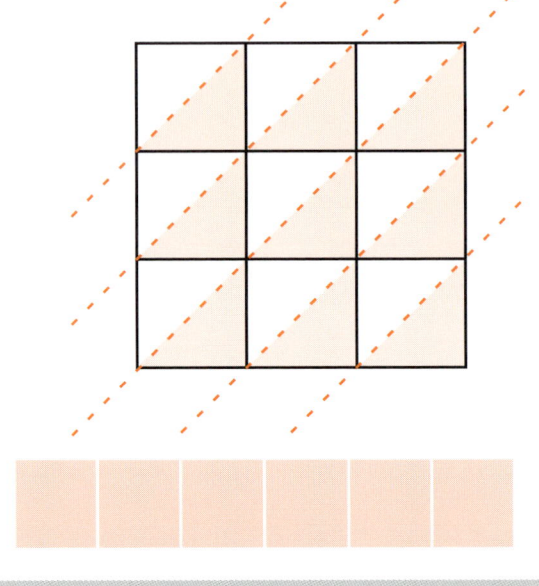

答 ①25071 ②97812 ③432752 ④691086

テクニック 23 — 2けた×2けたの線引き算

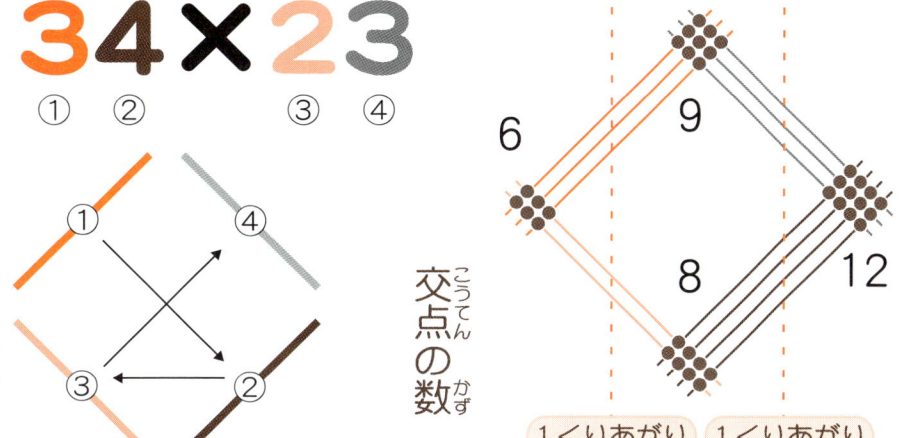

例題 34×23
① ② ③ ④

線を引く順番：①左上→②右下、③左下→④右上

交点の数：
- 左：6
- 中央上：9、中央下：8
- 右：12

6　17（9+8）　12
→ 1くりあがり　1くりあがり
7　8　2

答 7 8 2

解説

線引き算をつかえば、線が交わる点の数を数えるだけで、かんたんにかけ算の計算ができます。例題で説明しましょう。

❶ まず、2けた×2けたのかけ算でつかう4つの数字と同じ数の線を、全体が四角形になるようにひいてください。線をひく順番はつぎのとおり。
①左上に **3**4×23 の1番左の数字を表す3本の左下がりの線
②右下に 3**4**×23 の左から2番目の数字を表す4本の左下がりの線
③左下に 34×**2**3 の左から3番目の数字を表す2本の右下がりの線
④右上に 34×2**3** の左から4番目の数字を表す3本の右下がりの線

❷ 2本の点線を引いて、全体を3つに分け、左がわの交点、まんなかの2カ所の交点の合計、右がわの交点の数を数えて四角形の下に書きましょう。
交点の数は右から順に12、17（9+8）、6。それぞれ1の位、10の位、100の位になります。10以上ならつぎの位の数字がくりあがります。つまり、このかけ算の答は782になるのです。

かけ算の応用とわり算

23 2けた×2けたの線引き算

■問題をといてみよう。

① 42 × 34 =

② 23 × 52 =

③ 37 × 45 =

④ 82 × 64 =

ヒント

ここではすでに線がひいてあるので、交点の数をきちんと数えればOK。線の数が増え、交点の数が多くて数えにくくなったら、線の数どうしをかけ合わせましょう。

① 交点の数は、左＝12・上16・下6・右8
② 交点の数は、左＝10・上4・下15・右6
③ 交点の数は、左＝12・上15・下28・右35
④ 交点の数は、左＝48・上32・下12・右8

答 ①1428 ②1196 ③1665 ④5248

かけ算の応用とわり算

23 2けた×2けたの線引き算

練習問題 くりかえし練習しよう。

① 13×11＝

② 23×31＝

③ 15×22＝

④ 25×25＝

⑤ 35×44＝

⑥ 27×41＝

⑦ 41×31＝

⑧ 28×52＝

⑨ 35×42＝

答 ①143 ②713 ③330 ④625 ⑤1540 ⑥1107 ⑦1271 ⑧1456 ⑨1470

かけ算の応用とわり算

テクニック㉔ 3けた×3けたの線引き算

例題

$$135 \times 246$$
① ② ③　④ ⑤ ⑥

線を引く順番

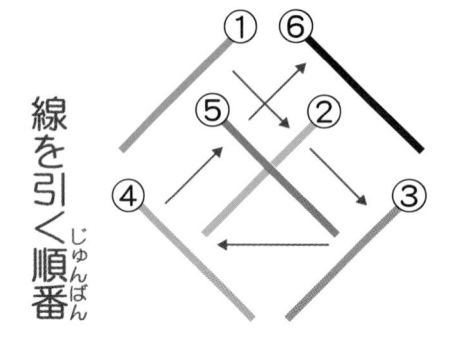

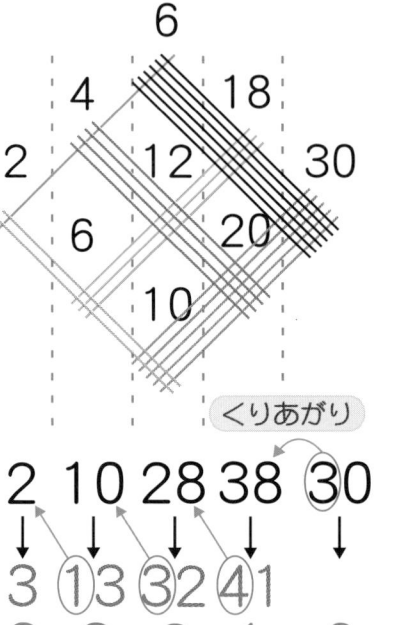

交点の数

くりあがり

2　10　28　38　30
↓　↓　↓　↓　↓
3　13　32　41
3　3　2　1　0

答 3 3 2 1 0

けたが大きくなっても、線引き算でかんたんに計算することができます。線を引く順番と、答のけた数をまちがえないようにしましょう。

解説

❶ 線を引く順番は、①左上～②まんなか～③右下～④左下～⑤まんなか～⑥右上、になります。線が曲がったり、平行でなくなったりすると読みとりにくくなるので、線はきちんと書くようにしましょう。

❷ たての点線は4本にふえ、全体を5つの部分にわけることになります。あとは、部分ごとの交点の数を四角形の下に書けば自動的に答がでます。例題では、交点の数が左から2、10、28、38、30 になるので、10以上の部分をつぎのけたにくりあげて、答は33210 になります。

交点の数が多い場合、いちいち数えなくても、交差する線の数どうしをかけ算すれば交点の数が分かります。たとえば5本の線と6本の線の交点の数は 5×6＝30 で30本になります。

かけ算の応用とわり算

24 ３けた×３けたの線引き算

■問題をといてみよう。

① 122×211＝

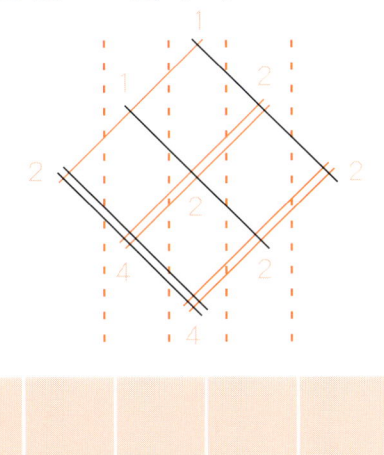

② 232×321＝

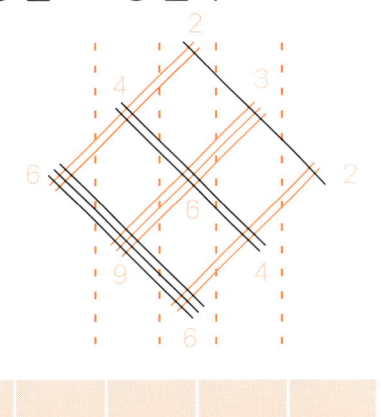

③ 412×321＝

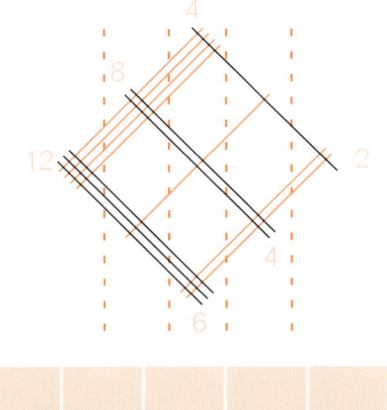

④ 613×253＝

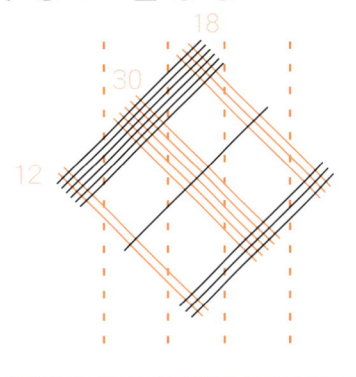

ヒント
同じ数字がいくつもあるときは、計算がしやすくなる反面、数をたしわすれたり、逆に２度たしたりすることがあるので気をつけましょう。
線引き算は、交点の数をたしていく計算方法なので、８や９など大きな数の多い計算にはつかわないほうがよいでしょう。

答　① 25742　② 74472　③ 132252　④ 155089

かけ算の応用とわり算

24 ３けた×３けたの線引き算

練習問題 くりかえし練習しよう。

① 123×321＝

② 253×231＝

③ 185×356＝

④ 124×520＝

⑤ 234×345＝

⑥ 512×223＝

⑦ 424×311＝

⑧ 262×300＝

⑨ 333×333＝

答 ①39483 ②58443 ③65860 ④64480 ⑤80730 ⑥114176 ⑦131864 ⑧78600 ⑨110889

テクニック 25 わり算

◆わり算の速算に挑戦しよう

　まず、わられる数とわる数に注目して、おなじかずでわりきれないかどうかを考えてみましょう。

　たとえば、2750÷55 なら、どちらもすぐ 5 でわれることに気づくでしょう。つまり 2750÷55 の答は、550÷11 の答とおなじで 50 になるのです。両方の数を、共通の数でわって小さくすれば、かんたんに計算できることがわかるでしょう。

　ある数がどの数でわりきれるかをかんたんに知るには、つぎの表を参照してください。

数字	その数でわりきれる数の特徴
2	1の位が偶数
3	各けたの数字の合計が3でわりきれる
4	2でわった答の1の位が偶数
5	1の位が5か0
6	1の位が偶数で、各けた数字の合計が3でわりきれる
7	7でわりきれる
8	4でわった答の1の位が偶数
9	各けたの数字の合計が9でわりきれる

かけ算の応用とわり算

25 小さな数にできるわり算

例題1 　**156÷24**

(156÷12)÷(24÷12)
＝13÷2＝6あまり①　最後に×12

答 　6 あまり 12

156も24も1の位が偶数なので2でわりきれ、2でわった答も偶数なので4でわりきれる。しかも、数字の合計が3でわりきれるので、12でわりきれる。

解説
例題1の数を91ページの表をあてはめてみると、どちらの数も4、さらに3でわりきれることがわかります。つまり両方の数をわりきれる一番大きな数は12だということがわかります。
このように数を小さくして計算すれば、ずいぶんかんたんになります。
計算の最後に、あまりの1に12をかけるのをわすれないでください。

■問題をといてみよう。

① 102÷18
どちらも6でわりきれる。
17÷3＝
□ あまり □□

② 184÷48
どちらも8でわりきれる。
23÷6＝
□ あまり □□

③ 185÷25
どちらも5でわりきれる。
37÷5＝
□ あまり □□

④ 672÷132
どちらも6、さらに2でわりきれる。56÷11＝
□ あまり □□

答 ①5あまり12 ②3あまり40 ③7あまり10 ④5あまり12

25 9でわりきれる数どうしのわり算

例題2

1800÷27

(1800÷9)÷(27÷9)
＝200÷3＝66 あまり ②　最後に×9

答 ６ ６ あまり １ ８

解説　91ページの表をあてはめてみると、どちらの数も9でわりきれることがわかります。わる数とわられる数の両方を9でわると200÷3。答は66あまり2 ということになります。
　計算の最後に、あまりの2に9をかけるのをわすれないでください。

■ 問題をといてみよう。

① 171÷27

どちらも9でわりきれる
19÷3＝

□ あまり □□

② 531÷243

どちらも9でわりきれる
59÷27＝

□ あまり □□

③ 1224÷378

どちらも2と9でわりきれる
→18でわりきれる
68÷21＝

□ あまり □□

④ 1854÷414

どちらも2と9でわりきれる
→18でわりきれる
103÷23＝

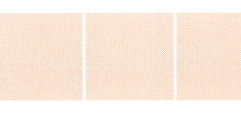

□ あまり □□

答 ①6あまり9　②2あまり45　③3あまり90　④4あまり198

かけ算の応用とわり算

25 わり算

練習問題 くりかえし練習しよう。

① 144 ÷ 24 =

② 288 ÷ 36 =

③ 170 ÷ 35 =

④ 111 ÷ 18 =

⑤ 222 ÷ 42 =

⑥ 282 ÷ 18 =

⑦ 136 ÷ 16 =

⑧ 232 ÷ 32 =

⑨ 261 ÷ 27 =

⑩ 477 ÷ 108 =

ヒント
①②は、できるだけ数を小さくしてみましょう。
③は5でわりきれます。
④は3でわりきれます。
⑤⑥は6でわりきれます。
⑦⑧は8でわりきれます。
⑨⑩は9でわりきれます。

インド ④ コラム

暗算手品
インド人もびっくり！

相手が書いた10個の数字を、一瞬で全部たし算してしまう手品です。
　筆記用具とメモ用紙、電卓を用意します。メモには図のように10個の数字を書くスペースをあけておいてください。
　まず、相手にこう言います。
「1から20までの数字をなんでもいいから、①と②のところに書きこんでください。書きこんだら、③のところには、いま書いた①と②の数字をたした数を書きます。そして④以下もおなじように、上二つの数字をたした答を書きこんでいってください」
　相手が全部の数字を書き終わったら、計算ミスがないかどうか、もう一度確認してもらいます。OKだったら、
「では、その全部の数字の合計を一瞬で計算します」
と言ってメモを見せてもらいます。そして、メモを見たとたん、
「この数字の合計は792（例）です」
とあなたが答えると、相手はその速さに驚き、電卓で答を確かめて、その正確さにもう一度驚くでしょう。

（記入例）
① 8
② 4
③ 12
④ 16
⑤ 28
⑥ 44
⑦ 72
⑧ 116
⑨ 188
⑩ 304

■タネあかし
　相手が①に「8」を、そして②に「4」を書いたときの例を示します（この場合の合計が792です）。
　①のところに書かれた数字をA、そして②のところに書かれた数字をBとします。すると下記のように、合計は「55×A＋88×B」になるのです。

① A　② B　③ A＋B　④ A＋2B　⑤ 2A＋3B　⑥ 3A＋5B　⑦ 5A＋8B
⑧ 8A＋13B　⑨ 13A＋21B　⑩ 21A＋34B　合計 55A＋88B

　55×A＋88×B　という計算は、そんなにすぐにはできないかもしれませんが、⑦に注目してください。「5×A＋8×B」になっているでしょう。
　つまり、書かれている数字の合計は、⑦の横に書かれた数字を単純に11倍すればよいのです。すでにこの本を読んで、11倍の計算（P8）を速算するテクニックを身につけているあなたなら、瞬時に合計をだすことができますね！

児玉光雄（こだま・みつお）

鹿屋体育大学教授

1947年兵庫県生まれ。京都大学工学部卒業。カリフォルニア大学ロサンゼルス校（UCLA）大学院に学び工学修士号取得。10年間の住友電気工業・研究開発本部勤務を経て独立。米国オリンピック委員会スポーツ科学部門本部の客員研究員としてオリンピック選手のデータ解析に従事。1982年(株)スポーツ・ソフト・ジャパンを設立。プロスポーツ選手を中心に右脳開発トレーニングに努める。脳力活性プログラムのカリスマ・トレーナーとして、これまで多くの受験雑誌や大手学習塾に脳力開発トレーニングを提供。子供の脳力開発のために尽力している。著書は『右脳パズルできたえる子供のIQドリル』(楓書店)、『子供を天才脳に変える！ 超右脳ドリル』(アスコム)、『IQが高くなる子供の右脳ドリル』『イチロー思考』(東邦出版)、『頭が良くなる秘密ノート』(二見書房)、『ここ一番！の集中力を高める法』(東洋経済新報社）など多数。

頭が良くなる！　算数が好きになる！
子供のインド式「かんたん」計算ドリル

2007年 7月26日　第 1 刷発行
2018年 4月 2日　第 9 刷発行

著　者　児玉光雄

装　丁　高橋真理子

デザイン　金本安民

発行者　岡田剛
発行所　株式会社楓書店
〒151-0053　東京都渋谷区代々木1-29-5 YKビル4F
電話　03-5860-4328
http://www.kaedeshoten.com

発売元　株式会社ダイヤモンド社
〒150-8409　東京都渋谷区神宮前6-12-17
電話　03-5778-7240（販売）
http://www.diamond.co.jp/

印刷・製本　株式会社シナノ

©2007　Mitsuo Kodama
ISBN 978-4-478-00199-8

落丁・乱丁本は、お手数ですがダイヤモンド社マーケティング局宛にお送りください。送料小社負担にてお取替えいたします。但し、古書店で購入されたものについてはお取替えできません。

無断転載・複製を禁ず　　Printed in Japan